唐明军　徐　秋　主编

嵌入式系统设计
与应用

——基于ARM Cortex-A8和Linux

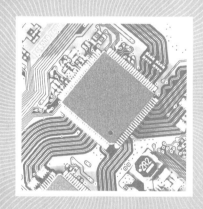

U0194484

化学工业出版社

·北京·

内容简介

本书选择当前嵌入式系统领域里具有代表性的 ARM Cortex-A8 处理器和嵌入式 Linux 操作系统作为分析对象，从嵌入式系统的特点和应用出发，包括走进嵌入式系统、搭建嵌入式开发环境、学习使用 Linux 常用编程工具、S5PV210 微处理器与接口技术、系统移植、嵌入式应用开发与移植 6 个项目，内容涵盖了完整的嵌入式产品开发过程。本书按照任务划分学习内容，图文并茂，操作过程翔实，力争做到既有针对性，又能够使读者通过完成相应的任务很快掌握相应的知识。

本书可作为高职高专院校物联网应用技术、人工智能技术应用、电子信息工程技术等专业的学生用书，也可作为专业设计人员的技术参考用书。

图书在版编目（CIP）数据

嵌入式系统设计与应用：基于 ARM Cortex-A8 和 Linux / 唐明军，徐秋主编. —北京：化学工业出版社，2021.10

ISBN 978-7-122-39701-0

Ⅰ. ①嵌⋯　Ⅱ. ①唐⋯ ②徐⋯　Ⅲ. ①微型计算机-系统设计-高等职业教育-教材　Ⅳ. ①TP360.21

中国版本图书馆 CIP 数据核字（2021）第 166169 号

责任编辑：王　可　姜　磊　　　　　　　　　　　装帧设计：张　辉
责任校对：宋　玮

出版发行：化学工业出版社（北京市东城区青年湖南街 13 号　邮政编码 100011）
印　　装：大厂聚鑫印刷有限责任公司
787mm×1092mm　1/16　印张 12¼　字数 300 千字　　2022 年 3 月北京第 1 版第 1 次印刷

购书咨询：010-64518888　　　　　　　　　　　售后服务：010-64518899
网　　址：http://www.cip.com.cn
凡购买本书，如有缺损质量问题，本社销售中心负责调换。

定　　价：38.00 元

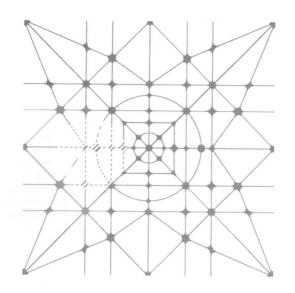

前　言

随着微电子技术和计算机技术的发展，尤其最近几年移动互联网的迅速崛起，嵌入式产品已经广泛应用于各个领域，从工业控制、航天航空、军事国防到人们的日常生活，处处都可以看到嵌入式产品的身影。可以说嵌入式产品正在不断地改变着人们的生活，使人们享受着高科技产品带来的方便和快捷。

技术的发展和生产力的提高离不开人才的培养。目前企业对于嵌入式人才的需求十分巨大，尤其在迅速发展的电子、通信、计算机等领域，这种需求更为显著。另外，企业对嵌入式系统开发的从业者的要求也越来越高，从专业知识、产品开发流程到实际工程实践能力，都缺一不可，因此目前全国很多高校都开设了嵌入式系统相关的课程。无线传感器、物联网、云计算等新兴技术的出现也为嵌入式系统技术的研究和应用注入了新的活力，这也对"嵌入式系统"课程教材的设计提出了更高的要求。

本书共分为六个项目。项目 1 从嵌入式系统的定义出发，介绍了嵌入式系统的组成、应用和嵌入式系统的设计方法；项目 2 介绍了嵌入式 Linux 开发环境的搭建、Linux 常用命令的使用、Linux 常用服务的配置以及交叉编译工具的安装；项目 3 介绍了 shell 编程和 Makefile 的基本知识；项目 4 介绍了基于 S5PV210 处理器和 Mini210 实验平台的硬件系统设计；项目 5 简单介绍了 U-Boot 的移植、Linux 内核的移植、YAFFS2 文件系统的制作；项目 6 通过六个小实例介绍了 Linux 平台下 Qt 的使用。本书基于 ARM Cortex A8 架构来讲解嵌入式系统开发相关知识，内容涵盖了嵌入式开发的基本流程，每个实例均配有软硬件设计，并带有详细注释及说明，与企业实际需求紧密结合，可使读者快速上手。

本书由扬州工业职业技术学院唐明军、徐秋主编，扬州工业职业技术学院沈全、江苏旅游职业学院严敏、扬州瑞控汽车电子有限公司陈军担任副主编，扬州工业职业技术学院单丹及合作企业技术人员参与编写。编写过程中，唐明军负责项目 1 的编写和全书的统稿工作，徐秋负责项目 2 和项目 3 的编写工作，沈全负责项目 4 的编写工作，严敏负责项目 5 的编写工作，陈军负责项目 6 的编写工作，单丹负责本书习题的编写和全书的审校工作。同时本书的编写也得到了扬州瑞控汽车电子有限公司的大力支持和帮助，在此表示衷心的感谢。

由于编者水平有限，书中不妥之处在所难免，敬请广大读者批评指正并提出宝贵意见。

编　者

2021 年 7 月

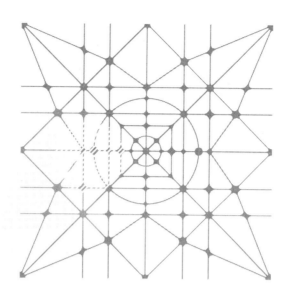

目 录

项目 1

走进嵌入式系统

知识能力与目标

■ 了解嵌入式系统的定义、特点、组成及应用；

■ 掌握主流的嵌入式处理器；

■ 掌握主流的嵌入式操作系统；

■ 了解嵌入式系统的开发流程。

任务 1.1　认识嵌入式系统

1.1.1　嵌入式系统定义

嵌入式系统无处不在，从每天必用的移动电话、PDA，到家庭中的洗衣机、电冰箱、微波炉，汽车防抱死系统，再到办公室中的打印机、远程会议系统等，都属于可以使用嵌入式技术进行开发和改造的产品。在涉及计算机应用的各行各业中，90%左右的开发都涉及嵌入式系统开发。嵌入式系统的应用，对社会的发展起到了很大的促进作用，也给人们的日常生活带来了极大的便利。

嵌入式系统诞生于微型机时代，其本质是将一个计算机嵌入到一个对象体系中去，这是理解嵌入式系统的基本出发点。目前，国际国内对嵌入式系统的定义有很多。

根据英国电气工程师协会（IEEE）的定义：嵌入式系统是用来控制或监视机器、装置或工程等大规模系统的设备（devices used to control, monitor, or assist the operation of equipment，machinery or plants）。从这个定义可以看出，嵌入式系统是软件和硬件的综合体。

普遍认可的嵌入式系统的定义是："以应用为中心，以计算机技术为基础，软硬件可裁剪，从而能够适应实际应用中对功能、可靠性、成本、体积、功耗等严格要求的专用计算机系统"。这个定义中有 4 个基本要点。

（1）应用中心的特点

嵌入式系统是嵌入到一个设备或一个过程中的计算机系统，与外部环境密切相关。这些设备或过程对嵌入式系统会有不同的要求。例如，消费电子产品的嵌入式软件与工业控制的嵌入式软件差别非常大，特别是响应时间，它们有些要求时限长，有些要求时限短，有些要求严格，有些要求宽松，这些不同的要求体现了嵌入式系统面向应用的多样化。

（2）计算机系统的特点

嵌入式系统必须能满足对象系统控制要求的计算机系统，这里的计算机也包括运算器、控制器、存储器和 I/O 接口。嵌入式系统的最基本支撑技术，包括集成电路设计技术、系统结构技术、传感与检测技术、实时操作系统（RTOS）技术、资源受限系统的高可靠软件开发技术、系统形式化规范与验证技术、通信技术、低功耗技术，以及特定应用领域的数据分析、信号处理和控制优化技术等。所以本质上嵌入式系统也是各种计算机技术的集大成者。

（3）软/硬件可裁剪的特点

嵌入式系统针对的应用场景很多，因此设计指标要求（功能、可靠性、成本、体积、功耗等）差异极大，实现上很难有一套方案满足所有系统的要求。所以根据需求的不同，灵活裁剪软/硬件、组建符合要求的最终系统是嵌入式技术发展的必然。

（4）专用性的特点

嵌入式系统的应用场合对可靠性、实时性、低功耗要求较高。例如，它对实时多任务有很强的支持能力，能完成多任务且中断响应时间较短，从而使内部的代码和实时内核的可执行时间减少到最低限度；它具有功能很强的存储区保护功能，这是由于嵌入式系统的软件结构已经模块化，而为了避免在软件模块之间出现错误的交叉作用，需要设计强大的存储区保护功能，同时也有利于软件诊断；嵌入式微控制器必须功耗很低，尤其是无线通信设备中靠电池供电的嵌入式系统更是如此。这些就决定了服务于特定应用的专用系统是嵌入式系统的主流模式。它并不强调系统通用性（20 世纪 80 年代的微型计算机特性之一即是通用性）。这种专用性通常导致嵌入式系统是一个软、硬件紧密耦合的系统，因为只有这样才能更有效地提高整个系统的可靠性并降低成本。

因此，可以说嵌入式系统是计算机技术、微电子技术和行业技术相结合的产物，是一个技术与行业相结合的产物，是一个密集、不断创新的知识集成系统，也是一个面向具体应用的软、硬件综合体。

1.1.2　嵌入式系统的特点

嵌入式系统是应用与特定环境下、面对专业领域的应用系统，不同于通用计算机系统的多样化和适用性，它与通用计算机系统相比具有以下特点。

① 嵌入式系统是面向特定应用的。嵌入式系统的 CPU 和通用 CPU 最大的不同就是前者大多数是专门为特定应用设计的，具有低功耗、体积小、集成度高等特点，能够把通用 CPU 中许多由板卡完成的任务集成在芯片内部，从而有利于整个系统设计趋于小型化。

② 嵌入式系统涉及先进的计算机技术、半导体技术、电子技术、通信和软件等各个行业。嵌入式系统是一个技术密集、资金密集、高度分散、不断创新的知识集成系统。

③ 嵌入式系统的硬件和软件都必须具备高度可定制性。只有这样才能适应嵌入式系统应用的需要，在产品价格和性能等方面具备竞争力。

④ 嵌入式系统的生命周期相当长。嵌入式系统和具体应用有机地结合在一起，其升级换代也是和具体产品同步进行的。因此嵌入式系统产品一旦进入市场，它的生命周期与产品的生命周期几乎一样长。

⑤ 嵌入式系统本身并不具备在其上进行进一步开发的能力。在设计完成以后，如果用户需要修改其中程序功能，必须借助一套专门的开发工具和环境。

⑥ 为了提高执行速度和系统可靠性，嵌入式系统的软件一般都固化在存储器芯片或单片机中。由于嵌入式系统的运算速度和存储容量仍然存在一定程度的限制，另外，由于大部分嵌入式系统必须具有较高的实时性，因此对程序的质量，特别是可靠性，有着较高的要求。

1.1.3　嵌入式系统的组成

从前面的介绍可以知道，嵌入式系统总体上是由硬件和软件组成的。硬件是其基础，软件是其核心灵魂。典型的嵌入式系统组成结构如图 1-1-1 所示，自下向上有硬件层、硬件抽象层、操作系统层以及应用软件层。

（1）硬件层

硬件层是嵌入式系统的底层实体设备，主要包括嵌入式处理器、外围电路和外部设备，如图 1-1-2 所示。其中的嵌入式处理器是嵌入式系统的核心部分，如今，全世界嵌入式处理器已经超过了 1000 多种，流行的体系结构有 30 多个系列，其中以 ARM、PowerPC、MC86000、MIPS 等的使用最为广泛。

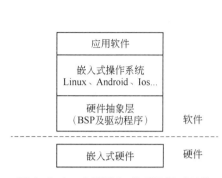

图 1-1-1　典型嵌入式系统组成结构

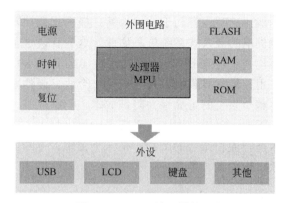

图 1-1-2　硬件层结构

　　这里的外围电路主要指和嵌入式微处理器有较紧密关系的设备，如时钟、复位电路、电源以及存储器（NAND Flash、NOR Flash、SDRAM 等）等。在工程设计上往往将处理器和外围电路设计成核心板的形式，通过扩展接口与系统其他硬件部分相连接。外部设备形式多种多样，如 USB、液晶显示器、键盘、触摸屏等设备及其接口电路。外部设备及其接口在工程实践中通常设计成系统板（扩展板）的形式与核心板相连，向核心板提供如电源供应、接口功能扩展、外部设备使用等功能。

　　（2）硬件抽象层

　　硬件抽象层是设备制造商完成的与操作系统适配结合的硬件设备抽象层。该层包括引导程序 BootLoader、驱动程序、配置文件等组成部分。硬件抽象层最常见的表现形式是板级支持包 BSP（Board Support Package）。板级支持包是一个包括启动程序、硬件抽象层程序、标准开发板和相关硬件设备驱动程序的软件包，是由一些源码和二进制文件组成的。板级支持包的主要功能就在于配置系统硬件使其工作在正常状态，并且完成硬件与软件之间的数据交互，为操作系统及上层应用程序提供一个与硬件无关的软件平台。

　　（3）操作系统

　　操作系统是嵌入式系统的重要组成部分，嵌入式操作系统不仅具有通用操作系统的一般功能，如向上提供对用户的接口（如图形界面、库函数 API 等）、向下提供与硬件设备交互的接口（硬件驱动程序等）、管理复杂的系统资源，同时，它还在系统实时性、硬件依赖性、软件固化性以及应用专用性等方面具有更鲜明的特点。

　　（4）应用软件

　　应用软件层是嵌入式系统的最顶层，开发者开发的众多嵌入式应用软件构成了目前数量庞大的应用市场。这里以苹果 APP store 为例，目前的应用程序数量已经高达百万级别。应用软件层一般作用在操作系统之上，但是针对某些运算频率较低、实时性不高、所需硬件资源较少、处理任务较为简单的对象时可以不依赖于嵌入式操作系统。

1.1.4　嵌入式系统的应用

　　嵌入式系统具有广阔的应用前景，目前已在国防、国民经济及社会生活各领域普遍应用。

　　（1）工业控制

　　基于嵌入式芯片的工业自动化设备将获得长足的发展，目前已经有大量的 8 位、16 位、

32 位嵌入式微控制器在应用中。网络化是提高效率和产品质量、减少人力资源主要途径，如工业控制过程、数字机床、电力系统、电网安全、电网设备监控、石油化工系统。就传统的工业控制产品而言，随着技术的发展，32 位、64 位的处理器逐渐成为工业控制设备的核心。如图 1-1-3 所示。

图 1-1-3　嵌入式系统在工业中的应用

（2）交通管理

在车辆导航、流量控制、信息监控与汽车服务方面，嵌入式系统技术已经获得了广泛的应用，内嵌 GPS 模块、GSM 模块的移动定位终端已经在各种运输行业成功使用。如图 1-1-4 所示。

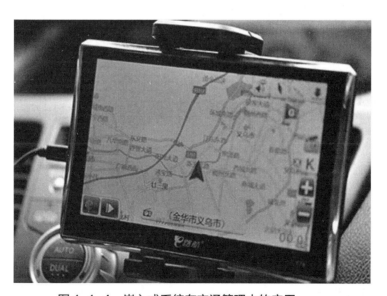

图 1-1-4　嵌入式系统在交通管理中的应用

（3）信息家电

这将成为嵌入式系统最大的应用领域，冰箱、空调等的网络化、智能化将引领人们的生活步入一个崭新的空间。即使不在家里，也可以通过电话线、网络进行远程控制。如图 1-1-5 所示。

图 1-1-5　嵌入式系统在信息家电中的应用

（4）家庭智能管理系统

水、电、煤气表的远程自动抄表，安全防火、防盗系统，其中嵌有专用控制芯片，将代替传统的人工检查。目前在服务领域，如远程点菜器等已经体现了嵌入式系统的优势。嵌入式在远程煤气抄表中的应用如图 1-1-6 所示。

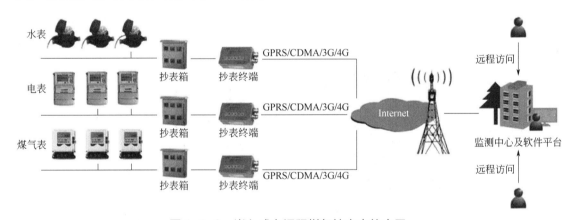

图 1-1-6　嵌入式在远程煤气抄表中的应用

（5）POS 网络及电子商务

公共交通无接触智能卡（Contactless Smartcard，CSC）发行系统、公共电话卡发行系统、自动售货机、各种智能 ATM 终端将全面走入人们的生活，到时手持一卡就可以行遍天下。如图 1-1-7 所示。

（6）环境工程与自然

如水文资料实时监控、防洪体系及水土质量监控、堤坝安全、地震监测网、实时气象信息网、水源和空气污染监测，在很多环境恶劣、地况复杂的地区，嵌入式系统将实现无人监测。嵌入式系统在空气质量检测仪中的应用如图 1-1-8 所示。

图 1-1-7　嵌入式系统在自动智能卡中的应用

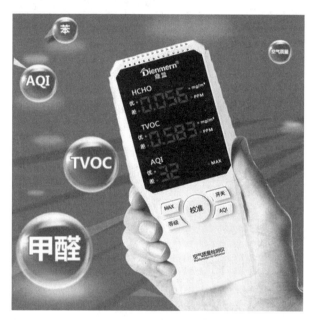

图 1-1-8　空气质量检测仪

（7）机器人

机器人技术的发展从来就是与嵌入式系统的发展紧密联系在一起的。嵌入式芯片的发展将使机器人在微型化、高智能方面优势更加明显，同时会大幅度降低机器人的价格，使其在工业领域和服务领域获得更广泛的应用。火星车就是一个典型的例子，这个价值10 亿美元的技术高密集移动机器人，采用的是美国风河公司的 VxWorks 嵌入式操作系统，可以在不与地球联系的情况下自主工作。1997 年美国发射的"索杰纳"火星车带有机械手，可以采集火星上的各种地况，并且通过摄像头把火星上的图像发回地面指挥中心，如图 1-1-9 所示。以索尼的机器狗为代表的智能机器宠物，仅仅使用 8 位的 AVR，或者 16 位的 DSP 来控制舵机进行图像处理就能制造，使我们不能不惊叹嵌入式系统强大的功能。近来 32 位处理器、Windows CE 等 32 位嵌入式操作系统的盛行，使得操纵机器人只需要在手持 PDA 上获取远程机器人的信息，通过无线通信控制机器人的运行。

随着嵌入式控制器越来越微型化、功能化，微型机器人、特种机器人等也将获得更大的发展。

图 1-1-9 火星车

（8）医疗仪器

嵌入式系统在医疗仪器中的普及率极高，如电子计算机断层扫描（Computed Tomography，CT）、磁共振、加速器等大型设备；彩超、动态心电等设备；全自动生化分析系统及免疫测试系统等检验设备，以及病人信息控制系统、心脏起搏器、手术室的呼吸麻醉监护系统和重症加强护理病房（Intensive Care Unit，ICU）、药剂控制及配药系统等。如图 1-1-10 所示。

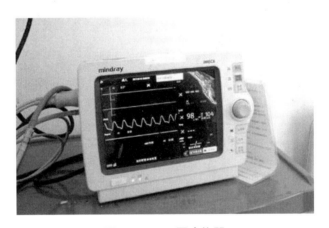

图 1-1-10 医疗仪器

任务 1.2 认识典型的嵌入式处理器

1.2.1 嵌入式处理器简介

与 PC 等通用计算机系统一样，处理器也是嵌入式系统的核心部件。通常情况下，市面上在用的嵌入式处理器可以分为以下几类（如图 1-2-1 所示）。

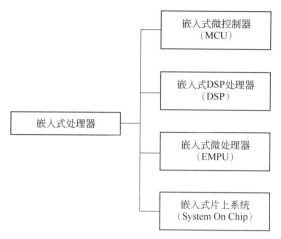

图 1-2-1　嵌入式系统的分类

（1）嵌入式微控制器（Micro Controller Unit，MCU）

嵌入式微控制器单片，简称单片机，就是将整个计算机系统集成到一块芯片中。单片机芯片内部集成 ROM/EPROM、RAM、总线、总线逻辑、定时/计数器、看门狗、I/O、串行口、脉宽调制输出、A/D、D/A、Flash RAM、EEPROM 等各种必要功能和外设。微控制器的最大特点是单片化，体积大大减小，从而使功耗和成本下降、可靠性提高。微控制器是目前嵌入式系统工业的主流。由于微控制器的片上外设资源一般比较丰富，适合于控制，因此称微控制器。比较有代表性的包括 8051、MCS、251、MCS、96/196/296、P51XA、C166/167、68K 系列以及 MCU 8XC930/931、C540、C541，并且有支持 I2C、CAN Bus、LCD 及众多专用 MCU 和兼容系列。目前 MCU 占嵌入式系统约 70%的市场份额。

（2）嵌入式 DSP 处理器（Embedded Digital Signal Processor，EDSP）

嵌入式 DSP 处理器是一种非常擅长于高速实现各种数字信号处理运算（如数字滤波、频谱分析等）的嵌入式处理器。由于对硬件结构和指令进行了特殊设计，处理器能够高速完成各种数字信号处理算法。DSP 芯片内部采用程序和数据分开的哈佛结构，具有专门的硬件乘法器，广泛采用流水线操作；提供特殊的 DSP 指令，可以快速实现各种数字信号处理算法。比较有代表性的产品是 TMS320 系列和 DSP56000 系列。

（3）嵌入式微处理器（Embedded Microprocessor Unit，EMPU）

嵌入式微处理器是由通用计算机中的 CPU 演变而来的。它的特征是具有 32 位以上的处理器，具有较高的性能，当然其价格也相应较高。但与计算机处理器不同的是，在实际嵌入式应用中，嵌入式微处理器只保留和嵌入式应用紧密相关的功能硬件，去除其他的冗余功能部分，这样就以最低的功耗和资源实现嵌入式应用的特殊要求。和工业控制计算机相比，嵌入式微处理器具有体积小、重量轻、成本低、可靠性高的优点。据不完全统计，全世界嵌入式微处理器已经超过 1000 种，有 30 多个系列，其中主流的体系有 ARM、MIPS、PowerPC、X86 和 SH 等。但与全球 PC 市场不同的是，没有一种嵌入式微处理器可以主导市场，仅以 32 位的产品而言，就有 100 种以上的嵌入式微处理器。嵌入式微处理器的选择是根据具体的应用而决定的。

（4）嵌入式片上系统（Embedded System on Chip，ESOC）

ESOC 最大的特点是成功实现了软硬件无缝结合，直接在处理器片内嵌入操作系统的代码模块。而且 ESOC 具有极高的综合性，在一个硅片内部运用 VHDL 等硬件描述语言，实现一个复杂的系统。用户不需要再像传统的系统设计一样，绘制庞大复杂的电路板，一点点的连接焊制，只需要使用精确的语言，综合时序设计，直接在器件库中调用各种通用处理器的标准，通过仿真之后就可以直接交付芯片厂商进行生产。由于绝大部分构件都是在系统内部，整个系统就特别简洁，不仅减少了系统的体积和功耗，而且提高了系统的可靠性，提高了设计生产效率。

ESOC 技术最大的优势在于缩短了嵌入式产品的上市周期，目前已经应用到了消费电子产品、智能仪器、航空航天等各个领域。目前常见的嵌入式处理器 S3C44B0、S3C2410、S3C2440、S5PV210、EXYNOS44P12 等都属于 ESOC，它们集成了处理器、内存管理单元（MMU）、NANDFLASH 控制器等部件。

1.2.2　主流的嵌入式处理器

目前主流的 32 位嵌入式处理器体系有 ARM、MIPS、PowerPC 三种架构。

（1）ARM 架构处理器

ARM（Advanced RISC Machines），既可以认为是一个公司的名字，也可以认为是一类微处理器的通称，还可以认为是一种技术的名字。1991 年 ARM 公司成立于英国剑桥，主要出售芯片设计技术的授权。采用 ARM 技术知识产权（IP 核）的微处理器，即我们通常所说的 ARM 位处理器，已遍及工业控制、消费类电子产品、通信系统、网络系统、无线系统等各类产品市场，基于 ARM 技术的位处理器应用约占据了 32 位 RISC 微处理器的 75% 以上市场份额。

自 1985 年第一个 ARM1 原型诞生至今，ARM 公司设计的成熟 ARM 体系结构有 ARMv4、ARMv4T、ARMv5TE、ARMv5TEJ、ARMv6 和 ARMv7 等，并且版本号还在不断升级、对应的处理器家族有 ARM7、ARM9、ARM9E、ARM10E、ARM11、Cortex、SecurCore 和 XScale 处理器系列等。ARM 体系结构的发展如表 1-2-1 所示。

表 1-2-1　ARM 体系结构的发展

版本	典型微处理器类型	特点
ARMv1～ARMv4	已退市	早期的版本中只有 ARMv4，目前在某些 ARM7 和 Strong ARM 处理器中可见，可以被视为 32 位寻址的 32 位指令体系结构
ARMv4T	ARM7TDMI，ARM7TEMI-S ARM920T，ARM922T	支持 16 位的 Thumb 指令集
ARMv5TE	ARM946E-S，ARM966E-S，ARM968E-S，ARM996HS	增加了 ARM 与 Thumb 状态之间的切换，增强了 DSP 类型指令，尤其在语音数字信号处理方面提高了 70% 以上的性能
ARMv5TEJ	ARM7EJ-S，bARM926EJ-S，ARM1026EJ-S	Java 加速
ARMv6	ARM1176JZ(F)-S	改进了异常处理，更好地支持多处理器指令，增加了支持 SIMD（单指令多数据）的多媒体指令，对视频和音频解码性能提高近 4 倍
ARMv6T2	ARM1156T2(F)-S	支持 Thumb-2 技术

续表

版本	典型微处理器类型	特点
ARMv7	Cortx-A8，Cortex-A9，Cortex-R4（F）	支持 NEON 技术，使 DSP 和多媒体处理器性能提高 4 倍，支持向量浮点运算，为下一代 3D 图像和游戏硬件服务
ARMv7M	Cortex-M3	优化了微控制器，低功耗

目前 ARM 微处理器主要有 8 个系列，即 ARM7 系列、ARM9 系列、ARM9E 系列、ARM10E 系列、ARM11 系列、Cortex 系列、SecurCore 系列和 Xscale 系列。各种系列微处理器均有其特点和应用场合。

① ARM7 微处理器系列

ARM7 微处理器系列内核基于冯·诺依曼体系结构，数据和指令共用相同的总线，内核指令 3 级流水线，支持 ARMv4T 指令集，包括 ARM7TDMI、ARM7TDMI-S、ARM7EJ-S 和 ARM720T 等微处理器内核。其中，ARM7TDMI 是目前使用最广泛的 32 位微处理器内核，例如 Samsung 公司的 S3C4510B 芯片采用了该内核，它支持 16 位的 Thumb 指令集、快速乘法指令和嵌入式 ICE 调试技术，其 S 变种 ARM7TDMI-S 是可综合的。

ARM720T 处理器核集成了一个 MMU（存储器管理单元）单元和一个 8KB 高速缓存，支持 WidowsCE、Linux、Symbian 等实时操作系统。

ARM7 系列微处理器主要应用于无线接入手持设备、打印机、数码相机和随身听等。

② ARM9 微处理器系列

ARM9 及其后更高系列的微处理器核均采用哈佛体系结构，数据总线与指令总线相互独立，数据空间与程序空间相互独立。ARM9 系列微处理器包含 ARM920T、ARM922T 和 ARM940T 几种类型，可以在高性能和低功耗特性方面提供最佳的性能。采用 5 级整数流水线，指令执行效率更高。

32 位的 ARM9 系列微处理器执行 ARMv4T 指令集，具有两种工作状态，即 Thumb 状态和 ARM 状态，支持 16 位的 Thumb 指令集和 32 位的 ARM 指令集。主频可达 300MIPS 以上，具有一个 32 位的 AMBA 总线接口，具有 MMU 单元，支持 WidowsCE、Linux、Symbian 等操作系统。ARM9 核具有 8 出口的写缓冲器，用于提高对外部储存空间的写速度。ARM9 系列的生产工艺为 0.13μm、0.15μm 或 0.18μm。

ARM9 系列微处理器可用于 PDA 等高档手持设备、MP5 播放器等数字终端、数码相机等图像处理设备及汽车电子方面。

③ ARM9E 微处理器系列

ARM9E 微处理器系列包含 ARM926EJ-S、ARM946E-S 和 ARM966E-S 三种类型，采用 5 级整数流水线，在 0.13μm 工艺下主频可达 300MIPS，支持 ARM、Thumb 和 DSP 指令集，提供浮点运算协处理器，用于图像和视频处理。其中 ARM926EJ-S 微处理器包含了 Jazelle 技术（硬件运行 Java 代码，提高速度近 8 倍），集成了 MMU，支持 Windows CE、Linux 等嵌入式操作系统。

ARM9E 核具有 16 出口的写缓冲器，支持 ETM9，具有实时跟踪能力的嵌入式跟踪宏单元，采用软核技术，工艺为 0.13μm、0.15μm 或 0.18μm。

ARM9E 微处理器主要可应用于网络通信设备、移动通信设备、图形终端、海量数据存储设备、汽车智能化设备等。

④ ARM10E 微处理器系列

ARM10E 微处理器系列中主推 ARM1026EJ-S 核，该高性能微处理器是完全可综合的软核，执行 ARMv5TEJ 指令集，6 级指令流水（速度可达 1.35MIPS/MHz），支持 ARM、Thumb、DSP 和 Java 指令，支持执行 Java 字节代码，同时具有 MPU 和 MMU，支持实时操作系统和 WinowsCE、Linux、Java 等嵌入式操作系统。

ARM1026EJ-S 具有独立的指令高速缓存和数据高速缓存，缓存为 4～128KB 可配置；具有独立的数据 TCM 和指令 TCM，TCM 支持插入等状态，并且大小为 0～1MB 可配置；具有双 64 位/32 位 AMBA-AHB 总线接口。ARM1026EJ-S 主要应用于高级手持通信终端、数字消费电子终端、汽车自动驾驶系统和复杂工业控制系统等。

⑤ ARM11 微处理器系列

ARM11 执行 ARMv6 指令集，指令以 8 级流水线执行，包括 ARM1136J(F)-S、ARM1156T2 (F)-S、ARM11 MPCore 多核微处理器 3 个系列。ARM11 系列微处理器具有低功耗、处理高性能、存储高效能等特点，主要应用于数字 TV、机顶盒、游戏终端、汽车娱乐电子设备、网络设备等。

⑥ Cortex 微处理器系列

Cortext 微处理器系列包括三个系列，即 Cortex-A、Cortex-R、Cortex-M，均支持 Thumb-2 指令集。其中 Cortex-A 支持复杂操作系统，有 Cortex-A8 和 Cortex-A9 等；Cortex-R 面向实时应用，有 Cortex-R4(F) 和 Cortext-R4X 等；Cortex-M 进行了内存和功耗优化，仅支持 Thumb-2 指令集，包括 Cortex-M7、Cortex-M4、Cortex-M3、Cortex-M1 和 Cortex-M0 等。本书介绍的 S5PV210 微控制器基于 Cortex-A8 内核，Cortex 系列是 ARM 公司主推的微内核，其产品数量超过 ARM 其他系列全部用量的综合。

⑦ SecurCore 微处理器系列

SecurCore 微处理器系列面向智能卡、电子商务、银行、身份识别、电子购物等信息安全设备，包括 SC100、SC200、SC300 微处理器，具有高性能和极低功耗等特点。其中 SC100 是基于 SRM7TDMI 内核并带有 MPU 的安全内核，而 SC200 还支持 Java Card2.x 加速和其他增强性能。

⑧ XScale 微处理器系列

XScale 微处理器系列是 StrongARM 的优化改良，独家许可给 Intel 公司（现在 XScale 代工完全转让给 Marvell 公司），基于哈佛结构，具有独立的 32KB 数据 Cache 和 32KB 指令 Cache，5 级流水线，执行 ARMv5TE 架构指令，包括 MMU，具有动态电源管理特性，工作频率可达 1GHz，0.18μm 生产工艺，多媒体处理能力得到增强。XScale 微处理器代表芯片为 PAX270 和 PAX320 等，主要应用于平板计算机、GPS 定位系统、无线网络设备、娱乐和消费电子设备等。

（2）MIPS 架构处理器

MIPS（Microprocessor without Interlocked Pipeline Stages）技术公司是一家设计制造高性能、高档次的嵌入式 32 位和 64 位处理器的厂商，在 RISC 处理器方面占有重要的地位。

1999 年，MIPS 公司发布 MIPS 32 和 MIPS 64 架构标准，为未来 MIPS 处理器的开发奠定了基础。此后，MIPS 公司陆续开发了高性能、低功耗的 32 位处理器核 MIPS 32 4Kc 与高性能 64 位处理器核 MIPS 64 5Kc。为了使用户更加方便地应用 MIPS 处理器，MIPS 公司推出了一套集成的开发工具，称为 MIPS IDF（Integrated Development Framework），特别适合嵌入式系统的开发。

MIPS 定位很广，在高端市场它有 64 位的 20Kc 系列，在低端市场有 SmartMIPS。如果有一台机顶盒设备或一台视频游戏机，它有可能就是基于 MIPS 的；电子邮件可能就是通过 MIPS 芯片的 Cisco 路由器来传递的；激光打印机也可能使用的是基于 MIPS 的 64 位处理器。

（3）PowerPC 处理器

PowerPC 是由苹果（Apple）公司和 IBM 公司以及早期的 Motorola 公司（现在的飞思卡尔半导体公司）组成的联盟（简称 AIM）共同设计的位处理器架构，以对抗在市场上占有压倒优势的 X86 处理器。其应用范围非常广泛，从高端的工作站、服务器到桌面计算机系统，从消费类电子产品到大型通信设备，都离不开 PowerPC 处理器。

任务 1.3　认识典型的嵌入式操作系统

1.3.1　嵌入式操作系统简介

嵌入式操作系统（Embedded Operating System，简称 EOS）是指用于嵌入式系统的操作系统。嵌入式操作系统是一种用途广泛的系统软件，通常包括与硬件相关的底层驱动软件、系统内核、设备驱动接口、通信协议、图形界面、标准化浏览器等。嵌入式操作系统负责嵌入式系统的全部软、硬件资源的分配、任务调度，控制、协调并发活动。它必须体现其所在系统的特征，能够通过装卸某些模块来达到系统所要求的功能。目前在嵌入式领域广泛使用的操作系统有：嵌入式实时操作系统 μC/OS-II、嵌入式 Linux、Windows Embedded、VxWorks等，以及应用在智能手机和平板电脑的 Android、IOS 等。

嵌入式操作系统相对于一般操作系统而言，除了具备一般操作系统最基本的功能，如任务调度、同步机制、中断处理、文件处理等外，还有以下特点：

（1）可裁剪性。可裁剪性是嵌入式操作系统最大的特点，因为嵌入式操作系统的目标硬件配置差别很大，有的硬件配置非常高，有的却因为成本原因，硬件配置较低，所以，嵌入式操作系统必须能够适应不同的硬件配置环境，具备较好的可裁剪性。在一些配置高、功能要求多的情况下，嵌入式操作系统可以通过加载更多的模块来满足这种需求；而在一些配置相对较低、功能单一的情况下，嵌入式操作系统必须通过裁剪的方式，把一些不相关的模块裁剪掉，只保留相关的功能模块。为了实现可裁剪，在编写嵌入式操作系统的时候，就需要充分考虑、仔细规划，对整个操作系统的功能进行细致地划分，每个功能模块尽量以独立模块的形式来实现。

（2）强实时性。多数嵌入式操作系统都是强实时的操作系统，抢占式的任务调度机制。

（3）可移植性。通用操作系统的目标硬件往往比较单一，比如，对于 UNIX、Windows等通用操作系统只考虑几款比较通用的 CPU 就可以了，如 Intel 的 LA32 和 PowerPC。但是在嵌入式开发中却不同，存在多种多样的 CPU 和底层硬件环境，就 CPU 而言，流行的可能就达到十几款。嵌入式操作系统必须具有良好的移植性，经过少量修改或不修改就能在不同体系结构的硬件中运行。

（4）固化代码。在嵌入式系统中，嵌入式操作系统和应用软件都被固化在嵌入式系统的计算机 ROM 中。

（5）强稳定性、弱交互性。嵌入式系统一旦开始运行就不需要用户过多地干预，这就要求负责系统管理的 EOS 具有较强的稳定性。嵌入式操作系统的用户接口一般不提供操作命令，它通过系统的调用命令向用户程序提供服务。

1.3.2　主流的嵌入式操作系统

（1）嵌入式 Linux

与桌面 Linux 众多的发行版本一样，嵌入式 Linux 也有各种版本，下面介绍一些常见的嵌入式 Linux 版本。

① RT-Linux

RT-Linux（Real-Time Linux）是美国墨西哥理工学院开发的嵌入式操作系统。它的最大特点就是具有很好的实时性。到目前为止，RT-Linux 已经成功地应用于航天飞机的空间数据采集、科学仪器测控和电影特技图像处理等广泛领域，在电信、工业自动化等实时领域也有成熟应用。RT-Linux 的设计十分精妙，它并没有为了突出实时性操作系统的特性而重写 Linux 内核，而是把标准的 Linux 内核作为实时核心的一个进程，同用户的实时进程仪器调度。这样对 Linux 内核的改动就比较小，而且充分利用了 Linux 的资源。

② μCLinux

μCLinux（Micro-Control Linux，即微控制器领域中的 Linux 系统）是 Lineo 公司的主打产品，同时也是开放源码的嵌入式 Linux 的典范之作。μCLinux 主要是针对目标处理器没有存储管理单元 MMU（Memory Management Unit）的嵌入式系统而设计的。它秉承了标准 Linux 的优良特性，经过各方面的小型化改造，形成了一个高度优化、代码紧凑的嵌入式 Linux。虽然它的体积很小，却仍然保留了 Linux 的大多数优点：稳定、良好的移植性、优秀的网络功能、对各种文件系统完备的支持和标准丰富的 API。它专为嵌入式系统做了许多小型化的工作，目前已支持多款 CPU。其编译后目标文件可控制在几百 KB 数量级，并已经被成功地移植到很多平台上。

③ Embedix

Embedix 是由嵌入式 Linux 行业主要厂商之一 Luneo 推出的，是根据嵌入式应用系统的特点重新设计的 Linux 发行版本。Embedix 提供了超过 25 种的 Linux 系统服务，包括 Web 服务器等。系统需要最小 8MB 内存，3MB ROM 或快速闪存。Embedix 基于 Linux 2.2 内核，并已经成功地移植到了 Intel x86 和 PowerPC 处理器系列上。像其他的 Linux 版本一样，Embedix 可以免费获得。Luneo 还发布了另一个重要的软件产品，它可以让在 Windows CE 上运行的程序能够在 Embedix 上运行。Luneo 还将计划推出 Embedix 的开发调试工具包、基于图形界面的浏览器等。可以说，Embedix 是一种完整的嵌入式 Linux 解决方案。

（2）VxWorks

VxWorks 操作系统是美国 WindRiver 公司于 1983 年设计开发的一种嵌入式实时操作系统（RTOS），是嵌入式开发环境的关键组成部分。它以良好的持续发展能力、高性能的内核以及友好的用户开发环境，在嵌入式实时操作系统领域占据一席之地。它良好的可靠性和卓越的实时性被广泛地应用在通信、军事、航空、航天等高精尖技术及实时性要求极高的领域中，如卫星通信、军事演习、弹道制导、飞机导航等。在美国的 F-16、FA-18 战斗机、B-2 隐形轰炸机和爱国者导弹上，甚至连火星探测器上也都使用到了 VxWorks。VxWorks 原先对中国区禁止销售，自解禁以来，在我国的军事、通信、工业控制等领域得到了非常广泛的应用。

（3）μC/OS-Ⅱ

μC/OS 是 Micro-Controller Operating System 的缩写，是美国 MICRIUM 公司开发的一种基于优先级的抢占式多任务实时操作系统。目前 μC/OS 操作系统有 μC/OS-Ⅱ和 μC/OS-Ⅲ两种版本。

μC/OS-Ⅱ结构小巧，最小内核可编译至 2KB，即使包含全部功能如信号量、消息邮箱、消息队列及相关函数等，编译后的 μC/OS-Ⅱ内核也仅有 6～10KB，所以它比较适用于小型控制系统。除此之外，μC/OS-Ⅱ的鲜明特点就是源码公开，便于移植和维护。

μC/OS 是一个完整的、可移植、可固化、可裁剪的抢占式实时多任务内核，已经在世界范围内得到了广泛的应用，如手机、路由器、集线器、不间断电源、飞行器、医疗设备及工业控制上，μC/OS 已经通过了严格的测试，并且得到了美国联邦航空管理局（Federal Aviation Administration）的认证，可以用在飞行器上。这说明 μC/OS-Ⅱ稳定可靠，可用于人性命攸关的安全紧要（safety critical）系统中。

（4）Windows Embedded Compact

Windows Embedded Compact（即 Windows CE）是微软公司嵌入式、移动计算平台的基础，它是一个开放的、可升级的 32 位嵌入式操作系统，是基于掌上型电脑类的电子设备操作系统。

Windows CE 中的 C 代表袖珍（Compact）、消费（Consumer）、通信能力（Connectivity）和伴侣（Companion），E 代表电子产品（Electronics）。与 Windows 95/98、Windows NT 不同的是，Windows CE 是所有源代码全部由微软自行开发的嵌入式新型操作系统，其操作界面虽来源于 Windows 95/98，但 Windows CE 是基于 WIN32 API 重新开发、新型的信息设备平台。Windows CE 具有模块化、结构化和基于 Win32 应用程序接口和与处理器无关等特点。Windows CE 不仅继承了传统的 Windows 图形界面，并且在 Windows CE 平台上可以使用 Windows 95/98 上的编程工具（如 Visual Basic、Visual C++等）、使用同样的函数、使用同样的界面风格，使绝大多数的应用软件只需简单的修改和移植就可以在 Windows CE 平台上继续使用。Windows CE 并非是专为单一装置设计的，所以微软旗下采用 Windows CE 作业系统的产品大致分为三条产品线，Pocket PC（掌上电脑）、Handheld PC（手持电脑）及 Auto PC（车用电脑）。

（5）TInyOS

TInyOS 是一个开源的嵌入式操作系统，它是由美国加州大学伯利克分校开发出来的，主要应用于无线传感器网络方面。程序采用的是模块化设计，所以它的程序核心往往都很小，一般来说核心代码和数据大概在 400 Bytes 左右，能够突破传感器存储资源少的限制。TInyOS 提供一系列可重用的组件，一个应用程序可以通过连接配置文件（AWiring Specification）将各种组件连接起来，以完成它所需要的功能。

（6）Android

Android 一词的本意是"机器人"，同时也是 Google 公司于 2007 年 11 月 5 日发布的基于 Linux 平台的开源手机操作系统的名称。该平台由操作系统、中间件、用户界面和应用软件组成。

第一部 Android 智能手机发布于 2008 年 10 月。随后，Android 系统逐渐扩展到平板电脑及其他领域上，如电视、数码相机、游戏机等。根据 2019 年最新的数据显示，在全球智能手机市场里，Android（安卓）系统的市场占有率已经高达 87%。Android 操作系统的优势如下：

① 开放性。Android 平台的开放性允许任何移动终端厂商加入到 Android 联盟中来。Android 的开放性可以使其拥有更多的开发者，更加丰富的应用程序。

② 丰富的硬件支持。Android 支持目前主流的硬件设备，使众多的厂商可以推出各式各样、各具特色的产品。

③ 方便开发。Android 平台提供给第三方开发商一个十分宽泛、自由的环境，不会受到各种条条框框的阻扰，带来了大量各具特色、新颖别致的软件。

任务 1.4　熟悉嵌入式系统设计方法

1.4.1　嵌入式系统开发流程

由于嵌入式系统具有的特点是软硬件可裁剪、实时性强、功能可靠、成本低、体积小、功耗低，因此，其设计方法不同于一般的通用计算机系统。一般来讲，嵌入式系统的开发流程包括需求分析、体系结构设计、软硬件协同设计、软硬件集成和系统测试五个阶段。如图 1-4-1 所示。

（1）需求分析

该阶段要确定系统开发最终需要完成的目标、系统实现的可行性、系统开发所采取的策略、估计系统完成所需要的资源和成本，制定工程进度，安排计划。需求分析要密切配合用户，经过充分地交流和考察得出明确的系统实现逻辑模型，以确定系统最终的设计目标。需求分析结束时需要形成需求分析报告或者系统规格说明书，作为以后各阶段的设计依据。

（2）体系结构设计

在需求分析阶段确定了系统的功能后，体系结构设计阶段则确定如何实现这些功能，一个好的体系结构设计是系统成功与否的关键。该阶段要完成的任务包括系统总体框架设计、软硬件划分、处理器选定、操作系统选定和开发环境选定。

① 系统总体框架设计

设计人员根据需求分析报告或者系统规格说明书来设计系统总体框架，确定系统所需的核心部件、主要部件和基础部件的类型。

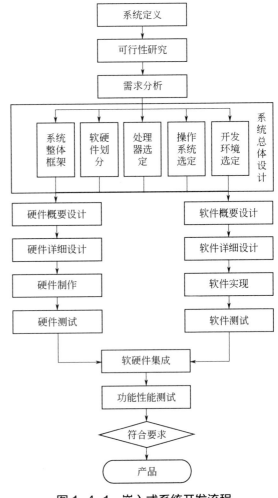

图 1-4-1　嵌入式系统开发流程

② 软硬件划分

这一步工作主要是确定系统中软件和硬件功能的划分，并且确定软硬件接口的定义。软硬件划分的结果决定了以后软硬件设计的方向与各自完成的目标，这通常要经过反复比较和权衡利弊才能最后决定。软硬件结构划分完毕之后，就可以开展后续的软件设计与硬件设计工作。

③ 处理器选定

在嵌入式系统开发过程中，处理器的选定是非常重要的一个步骤，因为处理器的选择限制了操作系统的选择，而操作系统的选择又限制了开发环境的选择。

由于嵌入式系统开发需要面对具体的应用，不同领域的应用市场需要不同型号和性能的处理器。目前，在嵌入式处理市场中，中低端的 4 位、8 位和 16 位处理器依然存在，高性能的 32 位、64 位处理器也有很多产品。面向如此众多的产品，开发人员在选择处理器的时候，应考虑以下几个因素：

a．处理器的性能。一个嵌入式处理器的性能取决于多个方面的因素，如时钟频率、内部寄存器的大小、指令是否对等处理所有的寄存器等。对于许多需用处理器的嵌入式系统设计来说，目标不是在于挑选速度最快的处理器，而是在于选取能够完成作业的处理器和 I/O 子系统。如果是面向高性能的应用设计，那么建议考虑某些新的处理器，其价格相对低廉，如 IBM 和 Motorola Power PC。

b．技术指标。当前，许多嵌入式处理器都集成了外围设备的功能，减少了芯片的数量，降低了整个嵌入式系统的开发费用。开发人员首先考虑的是，系统所要求的一些硬件能否无需过多的胶合逻辑（GL，Glue Logic）就可以连接到处理器上。其次是考虑该处理器的一些支持芯片，如 DMA 控制器、内存管理器、中断控制器、串行设备、时钟等的配套。

c．功耗。嵌入式微处理器最大并且增长最快的市场是手持设备、电子记事本、PDA、手机、GPS 导航器、智能家电等消费类电子产品。这些产品中选购的微处理器，典型的特点是要求高性能、低功耗。

d．软件支持工具。仅有一个处理器，没有较好的软件开发工具的支持也是不行的，因此选择合适的软件开发工具对系统的实现会起到很好的作用。

e．是否内置调试工具。处理器如果内置调试工具可以大大缩小调试周期，降低调试的难度。

f．供应商是否提供评估板。许多处理器供应商可以提供评估板来验证理论是否正确，决策是否得当。

④ 操作系统的选择

操作系统的选择根据嵌入式处理器来决定。如果是低端无 MMU（Memory Managermen Unit，内存管理单元）的处理器，要使用 μClinux 操作系统，如果是高端的硬件，可以选择 Linux 或者 Android 系统。

选择操作系统的关键在于寻找一个适合开发项目的系统，可以从以下几点考虑。

a．操作系统提供的开发工具。某些实时操作系统只支持该系统供应商的开发工具，因此，开发人员还必须承担编译器、调试器的费用。而有些操作系统使用广泛，有第三方工具可用，因此，选择的余地比较大。

b．操作系统的移植难度。操作系统到硬件的移植是一个非常重要的问题，是关系到整个系统能否按期完工的一个关键因素。因此，要选择那些可移植程度高的操作系统，避免因操作系统的移植困难而影响了项目的开发进度。

c. 对硬件资源的要求。选择操作系统的时候，要考虑系统资源是否满足该系统。如内存容量是否满足要求。

d. 开发人员是否熟悉该系统及其提供的 API。选择一个开发人员熟悉的操作系统能降低系统的开发难度，大大缩短开发周期。

e. 是否提供硬件驱动程序。如果操作系统提供完备的驱动程序，开发人员就可以将主要精力放在系统业务逻辑的实现，而不用过多地关注底层硬件的细节。这对项目开发具有促进作用。

f. 可裁剪性。如果所开发产品的硬件资源十分有限，则要考虑可裁剪性好的系统。

g. 实时性。开发某些领域的产品，如工业控制领域，要选择实时性高的操作系统。

⑤ 开发环境选定

针对不同的系统，嵌入式系统开发有很多开发环境，选择一个适合自己项目的开发环境，可从以下几点考虑：

a. 系统调试的功能。系统调试是一个非常重要的功能。嵌入式目标平台一般缺少支持完整的调试器所需要的资源。开发环境所支持的调试器通过分离自身来避开这种机制，可以远程调试。

b. 支持库函数。开发环境提供的大量库函数和模板代码，提供了各种类型的封装、存储、搜寻、排序对象。采用这些函数和模板能缩短系统的开发周期。

（3）软硬件协同设计

为了缩短嵌入式开发周期，一般采用软硬件协同设计的模式，即硬件电路制作和软件设计实现同步进行。

硬件电路制作一般是先绘制原理图，然后绘制制版图，最后购买元器件进行电路板的制作，最后经过测试无误，硬件设计完成。

嵌入式软件设计包括软件概要设计、软件详细设计、软件实现、软件测试四个步骤。

（4）软硬件集成

软硬件集成阶段的工作任务是把嵌入式系统中的硬件模块和软件功能模块综合、整合为统一的系统，进行调试，然后发现并改正单元设计过程中的错误。

（5）系统测试

系统测试是一个非常重要的环节，开发是否成功也是这个环节来验证，如果产品的最终性能满足设计目标的各项性能和要求，可以将正确无误的软件固化在目标硬件中；如不能满足，则需要回到设计的初始阶段，重新制定系统设计方案。同时也需要对系统进行可靠性测试，评估系统是否满足设计需求规定的可靠性要求。

1.4.2 嵌入式应用软件开发

嵌入式系统通常是一个资源受限的系统，因此直接在嵌入式系统的硬件平台上编写软件比较困难，有时甚至是不可能的。目前一般采用的解决办法是首先在通用计算机上编写程序，然后通过交叉编译生成目标平台上可以运行的二进制代码格式，最后再下载到目标平台上的特定位置上运行，其开发模式称为交叉开发。

需要交叉开发环境（Cross Development Environment）的支持是嵌入式应用软件开发时的一个显著特点。交叉开发环境是指编译、链接和调试嵌入式应用软件的环境，它与运行嵌入式应用软件的环境有所不同，通常采用宿主机/目标机模式，如图 1-4-2 所示。

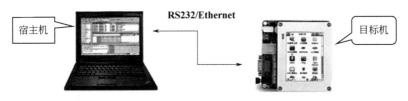

图 1-4-2　交叉开发环境

宿主机（Host）是一台通用计算机（如 PC 或者工作站），它通过串口或者以太网接口与目标机通信。宿主机的软硬件资源比较丰富，不但包括功能强大的操作系统（如 Windows 和 Linux），而且还有各种各样优秀的开发工具，都能大大提高嵌入式系统应用软件的开发速度和效率。

目标机（Target）一般在嵌入式应用软件开发期间使用，用来区别嵌入式系统通信的宿主机，它可以是嵌入式应用软件实际运行环境，也可以是能够替代实际运行环境的仿真系统，但软硬件资源通常都比较受限。

嵌入式系统的交叉开发环境一般包括交叉编译器、交叉调试器和系统仿真器，其中交叉编译器用于宿主机上生成能在目标机上运行的代码，而交叉调试器和系统仿真器则用于在宿主机与目标机之间完成嵌入式软件的调试。在采用宿主机/目标机模式开发嵌入式应用软件时，首先利用宿主机上丰富的资源、良好的开发环境，开发和仿真调试目标机上的软件，然后通过串口或者网络将交叉编译生成的目标代码传输并装载到目标机上，并在监控程序或者操作系统的支持下利用交叉调试器进行分析和调试，最后目标机在特定环境下脱离宿主机单独运行。

（1）交叉编译和链接

嵌入式软件开发编码完成之后，要进行编译和链接以生成可执行代码，但是由于开发过程大多是在使用 Intel 公司 X86 系列 CPU 的通用计算机上进行的，而目标环境的处理器芯片却大多为 ARM、MIPS、PowerPC 等系列的微处理器，这就要求开发机上的编译器能支持交叉编译。

交叉编译器和交叉连接器是能够在宿主机上运行，并且能够生成在目标机上直接运行的二进制代码的编译器和链接器。例如，在基于 ARM 体系结构的 GCC 交叉开发环境中，arm-linux-gcc 是交叉编译器，arm-linux-ld 是交叉链接器。

目前，嵌入式的集成开发环境都支持交叉编译、链接，如 WindRiver Tornado 和 GUN 工具链等，编写好的嵌入式软件经过交叉编译和交叉链接后通常会生成两种类型的可执行文件：用于调试的可执行文件和用于固化的可执行文件。

（2）交叉调试

嵌入式软件经过编译和链接后即进入调试阶段，调试是软件开发过程中必不可少的一个环节，嵌入式软件开发过程中的交叉调试和通用软件开发过程中的调试方式有所差别。在通用软件开发过程中，调试器与被调试的程序往往运行在同一台计算机上，调试器是一个单独运行着的进程，它通过操作系统提供的调试接口来控制被调试的进程。而在嵌入式软件开发中，采用的是宿主机和目标机之间进行的交叉调试，调试器仍然运行在宿主机的通用操作系统之上，而被调试的进程却是运行在目标机中。调试器和被调试进程通过串口或者网络进行通信，调试器可以控制和访问被调试进程，读取被调试进程的当前状态，并能够改变被调试进程的运行状态。

嵌入式系统的交叉调试有多种方法，主要可分为软件调试和硬件调试两种。

　　① 软件调试。

　　软件调试通常在不同的层次上进行，有时可能需要对嵌入式操作系统的内核进行调试，而有时仅仅需要调试嵌入式应用程序就可以了。在嵌入式系统的整个开发过程中，不同层次上的软件调试需要使用不同的调试方法。

　　嵌入式操作系统的内核调试相对而言比较困难，这是因为在内核中不便于增加一个调试器程序，而只能通过远程调试的方法，通过串口和操作系统内置的"调试桩"进行通信，共同完成调试过程。

　　嵌入式应用软件的调试可以使用本地调试和远程调试方法，相对于操作系统的调试而言，这两种方式都比较简单。如果采用本地调试，首先要将所需的调试器移植到目标系统中，然后就可以直接在目标机上运行调试器来调试程序了；如果采用远程调试，则需要移植一个调试服务器到目标系统中，并通过它与宿主机上的调试器共同完成应用程序的调试。在嵌入式 Linux 系统中，远程调试时目标机上使用的调试服务器通常是 Gdbserver，而宿主机上使用的调试器则是 GDB，两者配合完成调试过程。

　　② 硬件调试

　　相对于软件调试而言，使用硬件调试器可以获得更强大的调试功能和更优秀的调试性能。硬件调试的基本原理是通过仿真硬件的执行过程，让开发者在调试时可以随时了解到系统的当前执行情况。目前嵌入式系统开发中最常用到的硬件调试器方法是在线调试器（In-Circuit Debugger，ICD）。使用 ICD 和目标板的调试端口连接，发送调试命令和接收调试信息，就可以完成必要的调试功能。一般地，在 ARM 公司提供的开发板上使用 JTAG 口，在 Motorola 公司提供的开发板上使用 DBM 口。开发板上的调试口在系统完成之后的产品上应当移除。

　　联合测试行为组织（Joint Test Action Group，JTAG）成立于 1985 年，是由几家主要的电子制造商发起制订的 PCB 和 IC 测试标准。JTAG 在 1990 年被修改成为 IEEE 的一个标准，即 IEEE1149.1。

　　JTAG 标准定义了一个串行的移位寄存器。寄存器的每一个单元分配给 IC 芯片的相应引脚，每一个独立的单元称为 BSC（Boundary-Scan Cell，边界扫描单元）。这个串联的 BSC 在 IC 内部构成 JTAG 回路，所有的 BSR（Boundary-Scan Register，边界扫描寄存器）通过 JTAG 测试激活，平时这些引脚保持正常的 IC 功能。

　　现在的嵌入式微处理器都带有 JTAG 接口，可以方便地连接各种仿真器。在嵌入式开发中，常用 JTAG 仿真器有 JLINK、ULINK 和 ST-LINK，如图 1-4-3 所示。

图 1-4-3　JTAG 仿真器

知识梳理

1. 嵌入式系统是以应用为中心，以计算机技术为基础，软硬件可裁剪，适用于系统对功能、可靠性、成本、体积和功耗等严格要求的专用计算机系统。

2. 嵌入式系统由硬件和软件组成。硬件包括嵌入式微处理器和外围设备，软件包括嵌入式操作系统和应用软件。

3. 嵌入式处理器可分为嵌入式微控制器（EMCU）、嵌入式微处理器（EMPU）、嵌入式 DSP 处理器（EDSP）和嵌入式片上系统（ESOC）四类。

4. 据不完全统计，嵌入式微处理器已经超过 1000 种，体系结构有 30 多个系列，目前主流的 32 位嵌入式处理器体系有 ARM、MIPS、POWERPC 三种架构。

5. ARM 公司成立于英国剑桥，主要出售芯片设计技术的授权。目前采用 ARM 技术知识产权的微处理器，即通常所说的 ARM 微处理器，已遍及工业控制、消费电子、通信系统、网络系统、医疗系统等各类产品市场。

6. ARM 微处理器目前包括 ARM7、ARM9、ARM9E、ARM10E、ARM11、Cortext SecurCore、XScale 系列，每个系列的 ARM 微处理器都有各自的特点和应用领域。

7. 目前在嵌入式领域应用广泛的操作系统有嵌入式实时操作系统 μC/OS-Ⅱ、嵌入式 Linux、Windows Embedded 和 VxWorks 等。

8. 嵌入式系统的开发流程主要包括需求分析、体系结构设计、软硬件协同设计、软硬件集成和系统测试五个阶段。

9. 需要交叉开发环境的支持是嵌入式应用软件开发时的一个显著特点。

知识巩固

1. 填空题

（1）嵌入式系统是以_____为中心，以_____技术为基础，_____可裁剪，适用于对功能、可靠性、成本、体积、功耗严格要求的_____计算机系统。

（2）从层次角度看，嵌入式系统由四大部分组成，分别是_____、_____、操作系统层和_____。

（3）嵌入式系统的硬件由_____和_____构成。

（4）目前主流的 32 位嵌入式处理器体系有_____、_____、_____三种架构。

（5）_____是美国 MICRIUM 公司开发的一种基于优先级的抢占式多任务实时操作系统内核。

（6）_____操作系统是美国 WINDRIVER 公司于 1983 年设计开发的一种嵌入式实时操作系统。

（7）嵌入式系统的设计过程包括：需求分析、_____、软硬件协同设计、_____和系统测试五个阶段。

（8）嵌入式处理器可以分为四种类型：_____、_____、_____和_____。

（9）ARM7TDMI 中的 T 表示_____，D 表示_____。

2. 简答题

（1）同通用计算机相比，嵌入式系统有何特点？

（2）列举一个典型的嵌入式系统，并画出其结构框图。

（3）试简述嵌入式系统的基本硬件结构。

（4）试简述嵌入式系统的基本软件结构。

（5）嵌入式系统的开发流程是什么？

（6）嵌入式系统开发中的处理器选择要考虑哪些因素？

（7）什么是交叉编译？

（8）什么是 ICD 调试？

（9）目前常用的 JTAG 仿真器有哪些？

项目 2

搭建嵌入式开发环境

知识能力与目标

▰▰▰ 会安装 Linux 操作系统；

▰▰▰ 能够熟练使用 Linux 系统的基本命令；

▰▰▰ 能配置 NFS、Samba、SSH 服务；

▰▰▰ 会安装交叉编译工具链。

任务 2.1　安装 Linux 操作系统

　　Linux 是一套可以免费使用和自由传播的类 unix 操作系统,是 1990 年由芬兰赫尔辛基大学的学生 Linux Torvalds 研究并编写的一个与 Minix 系统兼容的、源代码开放的操作系统。1991 年由他公布了第一个 Linux 的内核版本 0.0.1 版本,目前最新的内核版本为 4.9.5。由于 Linux 是开源的,于是众多组织和公司在 Linux 内核源代码的基础上进行了一些必要的修改加工,然后再开发一些配套的软件,把它整合成一个自己的发布版 Linux。除去非商业组织 Debian 开发的 DebianGNU/Linux 外,美国的 RedHat 公司发行了 Red Hat Linux,德国的 SUSE 公司发行了 SUSE Linux,我国很多公司也发行了中文版的 Linux,如著名的红旗 Linux。Linux 目前已经有超过 250 个发行版本,且可以支持几乎所有体系结构的处理器。目前,流行的几个正式版本有:SUSE、RedHat、Fedora、Debian、Ubuntu 和 CentOS 等。

　　嵌入式 Linux 开发是以 Linux 操作系统为基础的,只有熟练使用 Linux 系统之后才能在嵌入式 Linux 开发领域得心应手。本章以 Ubuntu 操作系统的使用为例,讲解 Linux 的安装过程。

2.1.1　VMware 的安装

　　VMware（Virtual Machine ware）是一个“虚拟 PC”软件公司。它的产品可以在一台机器上同时运行两个或更多 Windows、DOS、Linux 系统。与“多启动”系统相比,VMware 采用了完全不同的概念。

　　多启动系统在一个时刻只能运行一个系统,在系统切换时需要重新启动机器。VMware 是真正“同时”运行多个操作系统在主系统的平台上,就像标准 Windows 应用程序那样切换。而且每个操作系统都可以进行虚拟的分区、配置而不影响真实硬盘的数据,甚至可以通过网卡将几台虚拟机连接为一个局域网,极其方便。

　　下面我们就以 VMware-workstation-full-10.0.7-2844087 原版虚拟机为例,为大家介绍虚拟机的安装。

　　(1) 首先双击运行“VMware-workstation-full-14.0.0-6661328.exe”软件包进行程序安装,如图 2-1-1 所示。

　　(2) 进入安装向导,点击“下一步”。如图 2-1-2 所示。

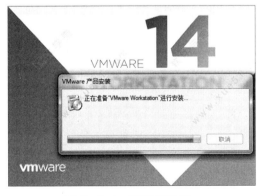

图 2-1-1　运行安装包

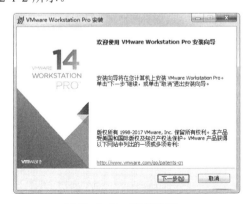

图 2-1-2　安装向导

（3）勾选"我接受许可协议中的条款（A）"，点击"下一步"。如图 2-1-3 所示。

（4）选择安装的路径。如图 2-1-4 所示。

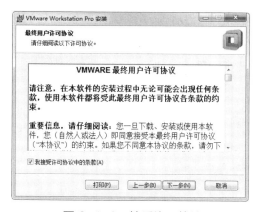

图 2-1-3　接受许可协议　　　　　　图 2-1-4　选择安装路径

（5）取消上面两项的勾选，点击"下一步"。如图 2-1-5 所示。

（6）选择是否创建快捷方式，点击"下一步"。如图 2-1-6 所示。

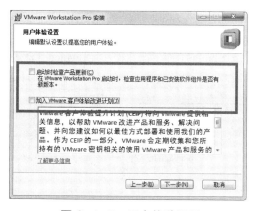

图 2-1-5　用户体验设置　　　　　　图 2-1-6　选择快捷方式

（7）点击"安装"开始进行程序安装。如图 2-1-7 所示。

（8）安装完成后，点击"许可证"。如图 2-1-8 所示。

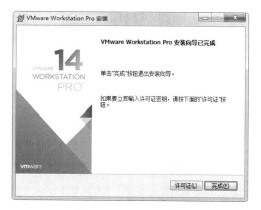

图 2-1-7　开始安装　　　　　　　　图 2-1-8　安装完成

（9）输入许可证密钥：CG54H-D8D0H-H8DHY-C6X7X-N2KG6。如图 2-1-9 所示。

（10）最后点击"完成"，这样 VMware 就安装好了。如图 2-1-10 所示。

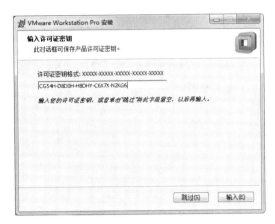

图 2-1-9　输入许可证　　　　　　　　图 2-1-10　安装完成

2.1.2　Ubuntu 的安装与启动

（1）下载 Ubuntu 镜像

打开百度，搜索"Ubuntu"，一般第一个结果就是 Ubuntu 的官网，点击"Download"，进入到下载页面。作为平时的办公使用，一般使用 Desktop 版本，点击旁边的下载箭头。如图 2-1-11 所示。

图 2-1-11　搜索"Ubuntu"

然后进入到下载页面，为了稳定起见，一般都是选择 LTS，即长期稳定支持版本。所以点击它旁边的"Download"按钮，进入到下载链接，如图 2-1-12 所示。

（2）安装 Ubuntu

① 打开 VMware 虚拟机，点击主页上的"创建新的虚拟机"按钮，如图 2-1-13 所示，进入

到虚拟机创建程序。对于新手来说，选择典型安装格式，如图 2-1-14 所示，然后点击"下一步"。

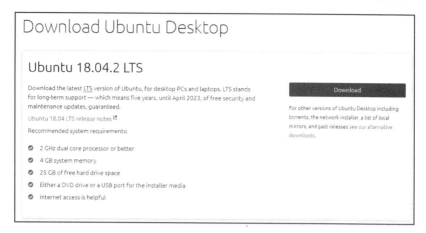

图 2-1-12　下载镜像

图 2-1-13　创建新的虚拟机界面

②　选择"稍后安装操作系统"选项，单击"下一步"按钮。如图 2-1-15 所示。

图 2-1-14　新建虚拟机向导界面　　图 2-1-15　新建虚拟机操作系统安装来源选项界面

③ 选择"Linux",然后在"版本"下拉列表中选择"Ubuntu 64 位"选项,单击"下一步"按钮。如图 2-1-16 所示。

④ 设置好"虚拟机名称"和"位置",单击"下一步"按钮。如图 2-1-17 所示。

图 2-1-16　选择客户机操作系统界面　　图 2-1-17　新建虚拟机名称及存储位置配置界面

⑤ 设定合适的硬件参数,如 CPU、内存、网络连接方式、硬盘等。如图 2-1-18 所示为处理器的设定。

图 2-1-18　新建虚拟机 CPU 配置界面

进入内存大小的设定,此处选择的是 8192MB,如图 2-1-19 所示。

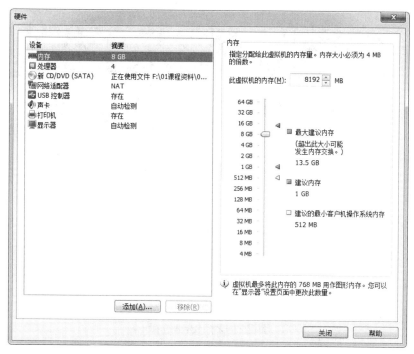

图 2-1-19   内存设定界面

⑥ 图 2-1-20 所示是向虚拟光驱中添加 Ubuntu 安装光盘镜像。

图 2-1-20   新建虚拟机添加 ISO 镜像界面

⑦ 开启虚拟机,此时你将看到下面页面,选择"中文"即可,如图 2-1-21 所示。

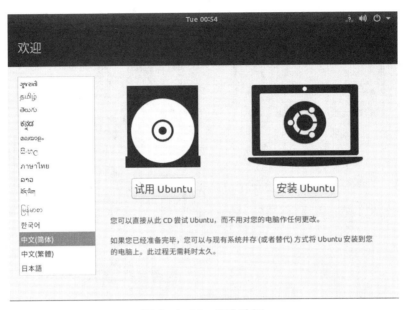

图 2-1-21　语言选择

默认汉语，选择"继续"，如图 2-1-22 所示。

图 2-1-22　汉语选择

⑧ 选择"正常安装"，如图 2-1-23 所示，再点击"现在安装"，并"继续"，如图 2-1-24、图 2-1-25 所示。

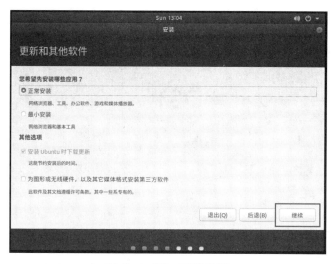

图 2-1-23   正常安装

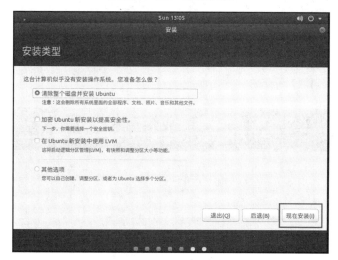

图 2-1-24   现在安装

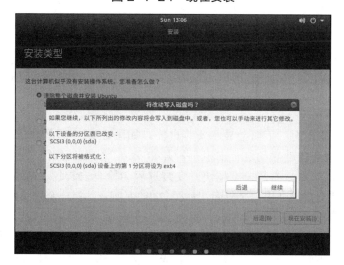

图 2-1-25   继续

⑨ 弹出确认框，点击"继续"，在默认城市，点击"继续"，如图 2-1-26 所示。

图 2-1-26　城市选择

⑩ 设置用户名和密码（建议密码设置为简单的 6 位数即可，每次开机或登录将使用密码），点击"继续"，如图 2-1-27 所示。

图 2-1-27　用户名和密码设置

⑪ 接着进入安装界面，下面会显示安装进度，如图 2-1-28 所示。

此时 VMware 就会自动启动这台虚拟机，开始安装。安装速度随着机器硬盘性能变化，机器硬盘越好，配置越高，安装速度越快。安装过程会检查安装包、复制文件等。

安装完毕以后就会自动弹出登录界面，如图 2-1-29 所示，第一个登录用户就是刚才创建虚拟机时设置的普通用户名，还有一个 Guest 用户，默认是不需要密码的。我们点开普通用户名称，然后输入刚才配置的密码，就能正常登录。登录界面的左边就是所有的软件图标，默认自带的是火狐浏览器，浏览器下面三个是常用的办公套件 Word、Excel 和 PowerPoint。如图 2-1-30 所示。

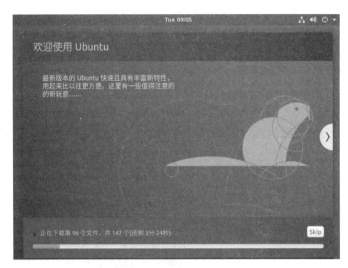

图 2-1-28　安装界面

图 2-1-29　登录界面

图 2-1-30　主界面

2.1.3　安装 VMware Tools

Ubuntu 安装成功，你会发现 VMware 全屏时，Ubuntu 桌面在 VMware 中不能全屏显示，因此我们需要安装 VMware Tools 工具。

（1）此时可以点击界面底部提醒我们安装 VMware Tools 弹框的"安装 Tools"按钮，或者点击 VMware 导航栏上的"虚拟机"，然后在下拉框中点击"安装 VMware Tools"。如图 2-1-31 所示。

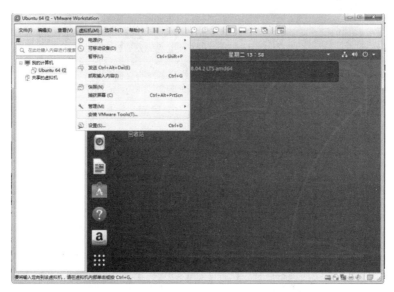

图 2-1-31　点击安装 VMware Tools

（2）完成后进入 Ubuntu，桌面会出现"VMware Tools"的光盘，点击进入其中。如图 2-1-32 所示。

图 2-1-32　VMware Tools 光盘

（3）进入后看到一个压缩文件"VMwareTools-10.25-8068393.tar.gz"，如图 2-1-33 所示。
复制文件到主目录下面（即 home 个人用户名的目录下），如图 2-1-34 所示。

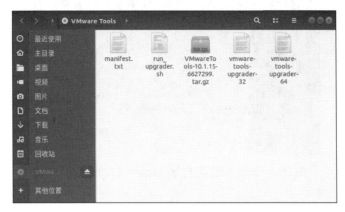

图 2-1-33　进入 VMware Tools 光盘

图 2-1-34　复制 VMware Tools 到主目录

（4）按【Ctrl+Alt+T】调出终端命令界面，输入命令：

```
#tar -zxvf VMware Tools-10.1.15-6627299.tar.gz
```

然后回车，文件开始解压。如图 2-1-35 所示。

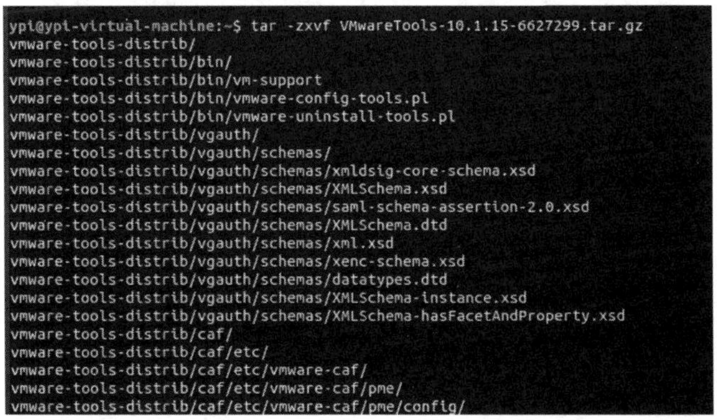

图 2-1-35　VMware Tools 解压

（5）解压完成后会出现一个"vmware-tools-distrib"的文件。如图 2-1-36 所示。

图 2-1-36　解压后的 VMware Tools 文件夹

（6）输入命令：

```
# cd vmware-tools-distrib
```

回车后输入命令：

```
# sudo./vmware-install.pl
```

回车后输入密码，然后就开始安装，遇到"yes"就输入"yes"，其他一律回车。如图 2-1-37
所示。

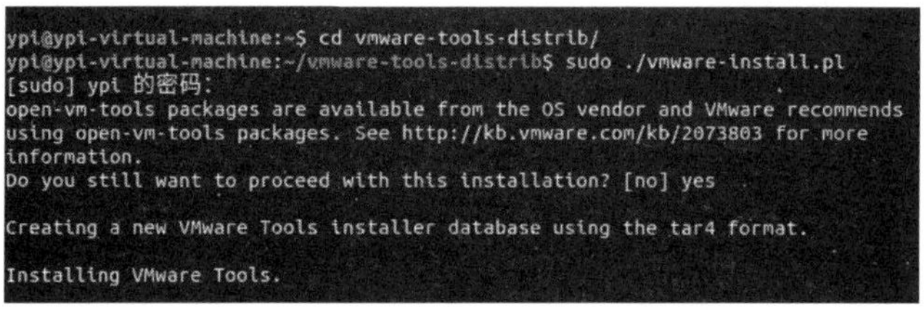

图 2-1-37　安装 VMware Tools

（7）如图显示 VMware Tools 安装成功。如图 2-1-38 所示。

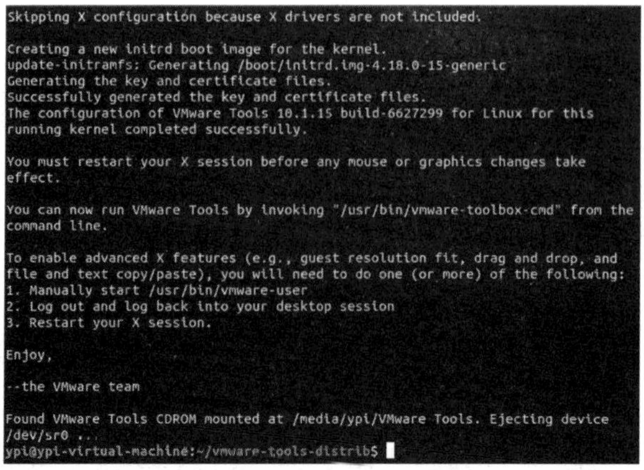

图 2-1-38　VMware Tools 安装成功

任务 2.2　了解 Linux 文件系统

2.2.1　Linux 文件系统

在 Linux 系统中有一个重要的概念：一切都是文件。其实这是 Unix 哲学的一个体现，而 Linux 是重写 Unix 而来，所以这个概念也就传承了下来。Unix 系统把一切资源都看作是文件，包括硬件设备。Unix 系统把每个硬件都看成是一个文件，通常称为设备文件，这样用户就可以用读写文件的方式实现对硬件的访问。

Linux 系统能够支持的文件系统非常多，除 Linux 默认文件系统 Ext2、Ext3 和 Ext4 之外，还能支持 fat16、fat32、NTFS（需要重新编译内核）等 Windows 文件系统。也就是说，Linux 可以通过挂载的方式使用 Windows 文件系统中的数据。Linux 所能够支持的文件系统在 "/usr/src/kemels/当前系统版本/fs" 目录中（需要在安装时选择），该目录中的每个子目录都是一个可以识别的文件系统。我们介绍较为常见的 Linux 支持的文件系统，如表 2-2-1 所示。

表 2-2-1　Linux 文件系统

文件系统	描述
Ext	Linux 中最早的文件系统，由于在性能和兼容性上具有很多缺陷，现在已经很少使用
Ext2	是 Ext 文件系统的升级版本，Red Hat Linux 7.2 版本以前的系统默认都是 Ext2 文件系统，于 1993 年发布，支持最大 16TB 的分区和最大 2TB 的文件（1TB=1024GB=1024×1024KB）
Ext3	是 Ext2 文件系统的升级版本，最大的区别就是带日志功能，以便在系统突然停止时提高文件系统的可靠性。支持最大 16TB 的分区和最大 2TB 的文件
Ext4	是 Ext3 文件系统的升级版。Ext4 在性能、伸缩性和可靠性方面进行了大量改进。Ext4 的变化可以说是翻天覆地的，比如向下兼容 Ext3、最大 1EB 的文件系统和 16TB 的文件、无限数量子目录、Extents 连续数据块概念、多块分配、延迟分配、持久预分配、快速 FSCK、日志校验、无日志模式、在线碎片整理、inode 增强、默认启用 barrier 等。它是 CentOS 6.3 的默认文件系统
xfs	被业界称为最先进、最具有可升级性的文件系统技术，由 SGI 公司设计，目前最新的 CentOS 7 版本默认使用的就是此文件系统
swap	swap 是 Linux 中用于交换分区的文件系统（类似于 Windows 中的虚拟内存），当内存不够用时，使用交换分区暂时替代内存。一般大小为内存的 2 倍，但是不要超过 2GB。它是 Linux 的必需分区
NFS	NFS 是网络文件系统（Network File System）的缩写，是用来实现不同主机之间文件共享的一种网络服务，本地主机可以通过挂载的方式使用远程共享的资源
iso9660	光盘的标准文件系统。Linux 要想使用光盘，必须支持 iso9660 文件系统
fat	就是 Windows 下的 fatl6 文件系统，在 Linux 中识别为 fat
vfat	就是 Windows 下的 fat32 文件系统，在 Linux 中识别为 vfat。支持最大 32GB 的分区和最大 4GB 的文件
NTFS	就是 Windows 下的 NTFS 文件系统，不过 Linux 默认是不能识别 NTFS 文件系统的，如果需要识别，则需要重新编译内核才能支持。它比 fat32 文件系统更加安全，速度更快，支持最大 2TB 的分区和最大 64GB 的文件
ufs	Sun 公司的操作系统 Solaris 和 SunOS 所采用的文件系统
proc	Linux 中基于内存的虚拟文件系统，用来管理内存存储目录 /proc
sysfs	和 proc 一样，也是基于内存的虚拟文件系统，用来管理内存存储目录 /sysfs
tmpfs	也是一种基于内存的虚拟文件系统，不过也可以使用 swap 交换分区

2.2.2 Linux 文件及属性

（1）文件类型

Linux 中的文件类型与 Windows 有显著的区别，其中最显著的区别在于 Linux 对目录和设备都当作文件来进行处理，这样就简化了对各种不同类型设备的处理，提高了效率。Linux 中主要的文件类型分为 4 种：普通文件、目录文件、链接文件和设备文件。

① 普通文件

普通文件同 Windows 中文件一样，是用户日使用最多的文件。它包括文本文件、shell 脚本、二进制的可执行程序和各种类型的数据。

② 目录文件

在 Linux 中，目录也是文件，它们包含文件名和子目录名以及指向那些文件和子目录的指针。目录文件是 Linux 中存储文件名的唯一地方，当把文件和目录相对应起来时，也就是用指针将其链接起来之后，就构成了目录文件。因此，在对目录文件进行操作时，一般不涉及对文件内容的操作，而只是对目录名和文件名的对应关系进行操作。

③ 链接文件

链接文件有些类似于 Windows 中的"快捷方式"，但是它的功能更为强大，它可以实现对不同目录、文件系统甚至是不同机器上的文件的直接访问，并且不必重新占用磁盘空间。

④ 设备文件

Linux 把设备当作文件来进行操作，这样就大大方便了用户的使用。在 Linux 下与设备相关的文件一般都在/dev 目录下，它包括两种，一种是块设备文件；一种是字符设备文件。

（2）文件属性

Linux 中的文件属性如图 2-2-1 所示。

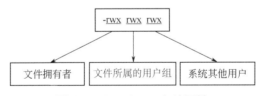

图 2-2-1　Linux 文件属性

首先，Linux 中文件的拥有者可以把文件的访问属性设成 3 种不同的访问权限：可读（r）、可写（w）和可执行（x）。文件又有 3 个不同的用户级别：文件拥有者（u）、所属的用户组（g）和系统里的其他用户（o）。

上面的文件属性中，第一个字符显示文件的类型。

- "-"表示普通文件。
- "d"表示目录文件。
- "l"表示链接文件。
- "c"表示字符设备。
- "b"表示块设备。
- "p"表示命名管道，比如 FIFO 文件（First In First Out，先进先出）。
- "f"表示堆栈文件，比如 LIFO 文件（Last In First Out，后进先出）。

- "s"表示套接字。

第一个字符之后有三个三位字符组：

- 第一个三位字符组表示文件拥有者（u）对该文件的权限。
- 第二个三位字符组表示文件用户组（g）对该文件的权限。
- 第三个三位字符表示系统其他用户（o）对该文件的权限。
- 若该用户组对此没有权限，一般显示"-"字符。

2.2.3　Linux 系统目录结构

Linux 的文件系统采用阶层式的树状目录结构，该结构的最上层是根目录"/"，然后在根目录下再建立其他的目录，目录提供了管理文件的一个方便而有效的途径。Linux 的文件系统结构图如图 2-2-2 所示。

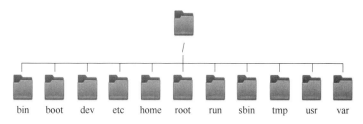

图 2-2-2　Linux 文件结构图

每个目录都有特殊的功能，表 2-2-2 列出了一些主要目录的功能。

表 2-2-2　目录结构及其含义

目录	描述
/	根目录
/bin	bin 是 Binary 的缩写，这个目录存放着最常用的命令
/boot	这里存放的是启动 Linux 时使用的一些核心文件，包括一些链接文件以及镜像文件
/dev	dev 是 Device（设备）的缩写，该目录下存放的是 Linux 的外部设备，在 Linux 中访问设备的方式和访问文件的方式是相同的
/etc	这个目录用来存放所有的系统管理所需要的配置文件和子目录
/home	用户的主目录，在 Linux 中，每个用户都有一个自己的目录，一般该目录名是以用户的账号命名的
/lib	这个目录里存放着系统最基本的动态链接共享库，其作用类似于 Windows 里的 DLL 文件。几乎所有的应用程序都需要用到这些共享库
/media	Linux 系统会自动识别一些设备，例如 U 盘、光驱等等，当识别后，Linux 会把识别的设备挂载到这个目录下
/mnt	系统提供该目录是为了让用户临时挂载别的文件系统的，我们可以将光驱挂载在/mnt 上，然后进入该目录就可以查看光驱里的内容了
/opt	存放可选的应用程序包。比如你安装一个 ORACLE 数据库则就可以放到这个目录下。默认是空的
/proc	这个目录是一个虚拟的目录，它是系统内存的映射，我们可以通过直接访问这个目录来获取系统信息
/root	该目录为系统管理员，也称作超级权限者的用户主目录

续表

目录	描述
/sbin	s 就是 Super User 的意思，这里存放的是系统管理员使用的系统管理程序
/tmp	这个目录是用来存放一些临时文件的
/usr	这是一个非常重要的目录，用户的很多应用程序和文件都放在这个目录下，类似于 windows 下的 program files 目录
/srv	该目录存放一些服务启动之后需要提取的数据

任务 2.3　学习 Linux 常用命令的使用

　　Linux 的常用命令涉及用户管理命令、文件和目录操作命令、文件内容及权限管理命令、压缩打包命令、磁盘管理命令、网络配置命令等。

2.3.1　用户管理命令

　　用户管理命令主要包括 su、useradd、passwd、userdel 命令。

　　（1）su 命令

- 功能说明：切换成不同的用户身份。
- 语法格式：su[参数]用户账户。
- 参数选项如表 2-3-1 所示。

表 2-3-1　su 命令常用选项

参数	说明
-	切换用户时，连带用户的环境变量一起切换
-c	变更为账号为 USER 的使用者并执行指令（command）后再变回原来使用者

- 使用实例：

将当前用户切换到 root 用户。

　　（2）useradd 命令

- 功能说明：建立用户账户。使用权限是超级用户。
- 语法格式：useradd[参数]用户账户。
- 参数选项如表 2-3-2 所示。

表 2-3-2　useradd 命令常用选项

参数	说明
-c	指定一段注释性描述
-d	指定用户主目录
-e	指定账号的有效期限
-g	指定所属的用户组

参数	说明
-m	自动建立用户登录目录
-n	取消建立以用户名称命名的用户组
-r	建立系统账号

● 使用实例：

① 创建一个账户为 user1 的用户。

使用该命令，首先要将普通用户切换到 root 用户权限。

```
root@ypi-virtual-machine:~# useradd -m user1
root@ypi-virtual-machine:~# cd /home/
root@ypi-virtual-machine:/home# ls
user1 ypi
```

使用-m 参数，会为用户建立一个登录目录，位于 home 目录下。

② 创建一个名为 david 的系统账户，配置其登录目录为/home/admin，命令如下。

```
root@ypi-virtual-machine:~# useradd -rd /home/admin david
root@ypi-virtual-machine:/home# cat /etc/passwd|grep david
david:x:999:999::/home/admin:/bin/sh
```

使用 useradd 命令所建立的账号，实际上是保存在/etc/passwd 文本文件中。

（3）passwd 命令

● 功能说明：设置修改用户密码。

● 语法格式：passwd[参数][username]。

● 参数选项如表 2-3-3 所示。

表 2-3-3　passwd 命令常用选项

参数	说明
-d	删除用户密码，仅能以 root 权限操作
-S	查询用户的密码状态，仅能 root 用户操作

● 使用实例：

passwd 命令作为普通用户和超级权限用户都可以运行，但作为普通用户只能更改自己的用户密码，但前提是没有被 root 用户锁定；如果 root 用户运行 passwd，可以设置或修改任何用户的密码。

① 设置指定用户（user1）的密码。

```
root@ypi-virtual-machine:~# passwd user1
输入新的 UNIX 密码：
重新输入新的 UNIX 密码：
passwd: 已成功更新密码
root@ypi-virtual-machine:~#
```

系统会先提示输入当前密码，再提示输入新密码和确认输入，如果两次输入均无误，则密码设置成功。

② 显示账号密码信息。

```
root@ypi-virtual-machine:~# passwd -S user1
user1 P 02/27/2020 0 99999 7 -1
```

③ 删除用户密码。

```
root@ypi-virtual-machine:~# passwd -d user1
passwd: 密码过期信息已更改。
root@ypi-virtual-machine:~# su - user1
$
```

（4） userdel 命令
- 功能说明：删除用户账户。使用权限为超级用户。
- 语法格式：userdel[参数][username]。
- 参数选项如表 2-3-4 所示。

表 2-3-4　userdel 命令常用选项

参数	说明
-r	删除用户目录及目录中所有文件

- 使用实例：

删除 user1 用户。

```
root@ypi-virtual-machine:~# userdel-ruser1
```

2.3.2　文件和目录操作命令

文件和目录操作命令涉及文件和目录的复制、删除、建立及搜索。常用的命令有 cd、ls、pwd、mkdir、touch、cp、mv、rm 等。

（1） cd 命令
- 功能说明：变换工作目录至 dirName。其中 dirName 表示法可为绝对路径或相对路径。若目录名称省略，则变换至使用者的 home 目录。另外，"～"也表示为 home 目录的意思，"."则是表示目前所在的目录，".."则表示目前目录位置的上一层目录。
- 语法格式：cd[dirName]。
- 使用实例：
① 将工作目录跳到 /usr/bin。

```
ypi@ypi-virtual-machine:~$ cd /usr/bin
ypi@ypi-virtual-machine: /usr/bin $ pwd
/usr/bin
```

② 跳到目前目录的上层目录。

```
ypi@ypi-virtual-machine:/usr/bin$ cd ..
ypi@ypi-virtual-machine:/usr $ pwd
/usr
```

③ 跳到当前用户的主目录。

```
ypi@ypi-virtual-machine:/usr$ cd~
ypi@ypi-virtual-machine:~$ pwd
/home/ypi
```

（2）pwd 命令

- 功能说明：显示工作目录。
- 语法格式：pwd [- -help][- -version]。
- 参数选项如表 2-3-5 所示。

表 2-3-5　pwd 命令常用选项

参数	说明
-help	在线帮助
-version	显示版本信息

- 使用实例：

执行 cd 命令切换当前目录到 /usr/bin，使用 pwd 查看当前工作目录。

```
ypi@ypi-virtual-machine:~$  cd /usr/bin
ypi@ypi-virtual-machine:/usr/bin$ pwd
/usr/bin
```

（3）ls 命令

- 功能说明：显示指定工作目录下的内容。
- 语法格式：ls [参数]目录名称。
- 参数选项如表 2-3-6 所示。

表 2-3-6　ls 命令常用选项

参数	说明
-a	显示所有文件及目录
-l	除文件名外，也将显示文件形态、权限、拥有者和文件大小等信息详细列出
-r	将文件以相反次序显示
-t	将文件按建立时间的先后次序列出

- 使用实例：

① 列出当前目录下的内容。

```
ypi@ypi-virtual-machine:~$ ls
core   VMwareTools-10.1.15-6627299.tar.gz  公共的  视频  文档  音乐
examples.desktop vmware-tools-distrib        模板  图片  下载  桌面
ypi@ypi-virtual-machine:~$
```

② 将/usr/bin 目录下所有目录的文件详细资料列出。

```
ypi@ypi-virtual-machine:/usr/bin$ ls -l /usr/bin
总用量 146348
-rwxr-xr-x 1 root root     51384 1月  18  2018 '['
-rwxr-xr-x 1 root root     10104 4月  23  2016 411toppm
-rwxr-xr-x 1 root root     22696 9月  28  2018 aa-enabled
-rwxr-xr-x 1 root root     22696 9月  28  2018 aa-exec
……
```

（4）mkdir 命令

- 功能说明：建立目录。
- 语法格式：mkdir [参数]目录名称。
- 参数选项如表 2-3-7 所示。

表 2-3-7　mkdir 命令常用选项

参数	说明
-p	若上层目录未建立，则建立上层目录
-m	为目录指定权限
-v	为每个目录显示提示信息

- 使用实例：

① 在当前的工作目录下创建一个名为"test1"的新目录。

```
ypi@ypi-virtual-machine:~$ mkdir test1
ypi@ypi-virtual-machine:~$ ls
core VMwareTools-10.1.15-6627299.tar.gz  模板  文档  桌面
examples.desktop vmware-tools-distrib    视频  下载  test1  公共的
```

② 在当前的工作目录下的"test2"目录中，建立一个名为"test3"的子目录。若"test2"目录原本不存在，则建立一个。

```
ypi@ypi-virtual-machine:~$ mkdir -p test2/test3
ypi@ypi-virtual-machine:~$ ls
core      test2   公共的  图片  音乐    examples.desktop
VMwareTools-10.1.15-6627299.tar.gz  模板    文档  桌面
test1 vmware-tools-distrib  视频    下载
ypi@ypi-virtual-machine:~$ cd test2
ypi@ypi-virtual-machine:~/test2$ ls
test3
```

③ 创建多个目录。

```
ypi@ypi-virtual-machine:~$ mkdir dir1 dir2
ypi@ypi-virtual-machine:~$ ls
core examples.desktop VMwareTools-10.1.15-6627299.tar.gz  模板  文档
桌面  dir1  test1  vmware-tools-distrib  视频  下载
dir2  test2    公共的    图片  音乐
```

（5）touch 命令

- 功能说明：新建文件或更新文件更改时间。
- 语法格式：touch [参数][日期时间]文件或目录。
- 参数如表 2-3-8 所示。

表 2-3-8　touch 命令常用选项

参数	说明
-a	改变文件的读取时间记录
- m	改变文件的修改时间记录
-c	假如目的文件不存在，不会建立新的文件
-r	使用参考文件的时间记录
-d	设定时间与日期

- 使用实例：

① 在上面建立的"test1"目录下新建空白文件 txtfile1 和 txtfile2。

```
ypi@ypi-virtual-machine:~$ cd test1
ypi@ypi-virtual-machine:~/test1$ touch txtfile1 txtfile2
ypi@ypi-virtual-machine:~/test1$ ls
txtfile1  txtfile2
```

② 使用指令"touch"修改 txtfile1 文件的时间属性为当前系统时间。

```
ypi@ypi-virtual-machine:~/test1$ ls -l txtfile1  //先查看一下 txtfile1
的时间属性
-rw-rw-r--  1  ypi  ypi  0 2月   29 14: 40  txtfile1
ypi@ypi-virtual-machine:~/test1$ touch txtfile1  //修改时间为系统时间
ypi@ypi-virtual-machine:~/test1$ ls -l txtfile1    //再查看 txtfile1 的
时间属性
-rw-rw-r--  1  ypi  ypi  0 2月   29 16: 40  txtfile1
```

（6）cp 命令

- 功能说明：复制文件或目录。
- 语法格式：cp [参数] source dest。
- 参数选项如表 2-3-9 所示。

表 2-3-9　cp 命令常用选项

参数	说明
-a	此选项通常在复制目录时使用，它保留链接、文件属性，并复制目录下的所有内容
- r	若给出的源文件是一个目录文件，此时将复制该目录下所有的子目录和文件
-f	覆盖已经存在的目标文件而不给出提示
-i	在覆盖目标文件之前给出提示，要求用户确认是否覆盖，回答"y"时目标文件将被覆盖

● 使用实例：

① 使用指令"cp"将当前目录将"text1"下的 txtfile1 复制到"text2"目录下。

```
ypi@ypi-virtual-machine:~/test1$ cp -a txtfile1~/text2/
ypi@ypi-virtual-machine:~/test1$ cd~/text2/
text3 txtfile1
```

② 将"text"下的所有内容复制到"text2"下。

```
ypi@ypi-virtual-machine:~/test1$ cp -ar  text~/text2/
ypi@ypi-virtual-machine:~/test1$ cd~/text2/
text  text3 txtfile1
```

复制目录时，必须使用参数"-r"。

（7）mv 命令

● 功能说明：移动或更名现有的文件或目录。
● 语法格式：mv [options] source dest。
● 参数选项如表 2-3-10 所示。

表 2-3-10　mv 命令常用选项

参数	说明
-i	若指定目录已有同名文件，则先询问是否覆盖旧文件
-f	在 mv 操作要覆盖某已有的目标文件时不给任何指示

● 使用实例：

① 将"text1"下的文件"txtfile1"更名为"abc"。

```
ypi@ypi-virtual-machine:~/test1$ mv   txtfile1  abc
ypi@ypi-virtual-machine:~/test1$ ls
abc  txtfile2
```

② 将"text1"下的"textfile2"文件移动到"text2"下。

```
ypi@ypi-virtual-machine:~/test1$ mv  -f  txtfile2 ~/text2/
ypi@ypi-virtual-machine:~/test1$ ls
abc
ypi@ypi-virtual-machine:~/test1$ cd~/text2/
text  text3 txtfile1 txtfile2
```

（8）rm 命令

● 功能说明：删除文件和目录。
● 语法格式：rm [参数]文件或目录。
● 参数选项如表 2-3-11 所示。

表 2-3-11　rm 命令常用选项

参数	说明
-i	删除前逐一询问确认
-f	即使原档案属性设为只读，亦直接删除，无需逐一确认
-r	递归处理，删除目录下所有文件和子目录

● 使用实例：

① 将"text2"目录下的"txtfile1"和"txtfile2"删除。

```
ypi@ypi-virtual-machine:~/test2$ rm  txtfile1 txtfile2
ypi@ypi-virtual-machine:~/test2$ ls
text  text3
```

② 将 text 整个目录删除。

删除文件可以直接使用 rm 命令，若删除目录则必须配合选项"-r"。

```
ypi@ypi-virtual-machine:~$ rm  -ri  text
rm: 是否进入目录'text'? y
rm: 是否删除普通空文件'text/abc'?y
rm: 是否删除目录'text'? y
```

文件一旦通过 rm 命令删除，则无法恢复，所以必须格外小心地使用该命令。

2.3.3　文件内容及权限管理命令

内容管理是指查看或修改文本文件的内容，这类命令有 cat、grep、diff 和 patch 等。权限管理是指修改文件的属性，常用的有 chmod 命令等。

（1）cat 命令

● 功能说明：建立文件，查看文件的内容。

● 语法格式：cat [参数] filename。

● 参数选项如下（见表 2-3-12）。

表 2-3-12　cat 命令常用选项

参数	说明
-n	由 1 开始对所有输出的行数编号
-b	和 -n 相似，只不过对于空白行不编号
-E	在每行结束处显示 $

● 使用实例：

① 在当前目录下利用 cat 创建一个新文件"file1"，为该文件录入内容，并查看文件内容。

```
ypi@ypi-virtual-machine:~$ cat >file1  //新建文件 file1
I like banana!                         //录入内容
```

```
^C                                    // 按 ctrl+c 组合键推出
ypi@ypi-virtual-machine:~$ cat file1    //查看 file1 的内容
I like banana!
```

② 把"file1"的文档内容加上行号后输入到"file2"这个文档里。

```
ypi@ypi-virtual-machine:~$ cat -n file1  >file2
ypi@ypi-virtual-machine:~$ cat file2    //查看 file2 的内容
1 I like banana!
```

③ 为"file1"追加新的内容。

```
ypi@ypi-virtual-machine:~$ cat >>file1  //追加内容到文件 file1
I like apple!                        //录入追加的内容
^C                                    // 按 ctrl+c 组合键推出
ypi@ypi-virtual-machine:~$ cat file2    //查看 file2 的内容
I like banana!
I like apple!
```

（2）diff 命令

- 功能说明：比较文件的差异。
- 语法格式：diff [参数]文件 1　文件 2。
- 参数选项如下（见表 2-3-13）。

表 2-3-13　diff 命令常用选项

参数	说明
-r	对目录进行递归处理
-q	只报告文件是否不同，不输出结果
-c	显示全部内容，并标出不同之处
-a	diff 预设只会逐行比较文本文件
-b	不检查空格字符的不同

- 使用实例：

用 diff 命令分析两个文件，并输出两个文件的不同的行。

第一步：用 cat 命令新建文件 a1.txt 和 a2.txt。输入如下内容：

//a1.txt

```
I need to buy apples.
I need to run the laundry.
I need to wash the car.
```

//a2.txt

```
I need to buy apples.
I need to wash the dog.
```

第二步：我们使用 diff 比较它们的不同：

```
ypi@ypi-virtual-machine:~$ diff a1.txt  a2.txt
2,3c2
```

```
< I need to run the laundry.
< I need to wash the car.
------
> I need to wash the dog.
```

说明一下该输出结果的含义，要明白 diff 比较结果的含义，必须牢记一点，diff 描述两个文件不同的方式是告诉用户怎么样改变第一个文件之后与第二个文件匹配。上面的比较结果中的第一行 2,3c2 前面的数字 2,3 表示第一个文件中的行，中间有一个字母 c 表示需要在第一个文件上做的操作（a=add,c=change,d=delete），后面的数字 2 表示第二个文件中的行。

2,3c2 的含义是：第一个文件中的第 2 行和第 3 行需要做出修改才能与第二个文件中的第 2 行相匹配。接下来的内容则告诉用户需要修改的地方，前面带 "<" 的部分表示左边第一个文件的第 2、3 行的内容，而带 ">" 的部分表示右边第二个文件的第 2 行的内容，中间的 "---" 则是两个文件内容的分隔符号。

（3）patch 命令
- 功能说明：修补文件。
- 语法格式：patch [参数]文件 1 文件 2。
- 参数选项如下（见表 2-3-14）。

表 2-3-14　patch 命令常用选项

参数	说明
-b	备份每一个原始文件
-c	把修补数据解释成关联性的差异
-e	把修补数据解释成 ed 指令可用的叙述文件
-n	把修补数据解释成一般性的差异

- 使用实例：

使用 patch 指令将文件上述 "a1.txt"升级，其升级补丁文件为"a.patch"。

第一步，比较两个文件，将比较结果保存为补丁文件 a.patch。

```
ypi@ypi-virtual-machine:~$ diff a1.txt  a2.txt >a.patch
```

第二步，使用补丁包升级。

```
ypi@ypi-virtual-machine:~$ # patch -p0 a1.txt  a.patch
patching file a1.txt
ypi@ypi-virtual-machine:~$ # cat  a1.txt      #再次查看 a1.txt 的内容
I need to buy apples.
I need to wash the dog.    #a1.txt 文件被修改为与 a2.txt 一样的内容
```

（4）grep 命令
- 功能说明：文本搜索。
- 语法格式：grep[参数]字符 文件名。
- 参数选项如下（见表 2-3-15）。

表 2-3-15　grep 命令常用选项

参数	说明
-B	除了显示符合范本样式的那一列之外，显示该列之前的内容
-A	除了显示符合范本样式的那一列之外，显示该列之后的内容
-c	计算符合范本样式的列数
-n	在显示符合范本样式的那一列之前，标识出该列的列数编号
-f	指定范本文件，其内容含有一个或多个范本样式，让 grep 查找符合条件的文本内容，格式为每列一个范本样式。

● 使用实例：

① 在当前目录中，查找包含"apples"字符串的文件。

```
ypi@ypi-virtual-machine:~$ #grep apples *.txt
a1.txt: I need to buy apples.
a2.txt: I need to buye apples.
```

② 搜索/etc/passwd 文件下的 ypi 用户。

```
ypi@ypi-virtual-machine:~$ grep ypi  /etc/passwd
ypi:x:1000:1000:ypi,,,:/home/ypi:/bin/ksh
```

③ 用 grep 命令显示指定进程的信息。

```
ypi@ypi-virtual-machine:~$ ps -ef | grep sshd
ypi 3503 3128 0 12:04 pts/0 00:00:00 grep-color=auto sshd
```

（5）chmod 命令

● 功能说明：改变文件的访问权限。

● 语法格式：chmod 可使用符号标记进行更改或使用八进制数制定更改两种方式，因此它的格式也有两种不同的形式。

✓ chmod [选项][符号权限]文件

✓ chmod[选项][八进制权限]文件

在前面已经提到，文件的权限可表示成：-rwx rwx rwx。在此设有 3 种不同的访问权限：读（r）、写（w）和运行（x）。3 种不同的用户级别：文件拥有着（u）、所属的用户组（g）和系统里的其他用户（o）。在此，可增加一个用户级别 a（all）来表示所有这 3 个不同的用户级别。

在第一种符号连接方式的 chmod 命令中，用加号"+"代表增加权限，用减号"－"代表删除权限，"="表示唯一设定权限。

对于第二种八进制制定的方式，将文件权限字符代表的有效位设为"1"，即"rw-""rw-""r-"的八进制表示为"110""110""100"，把这个二进制串转换成对应的八进制数就是"6""6""4"，也就是说该文件的权限为 664（三位八进制数）。

● 参数选项如下（见表 2-3-16）。

表 2-3-16　chmod 命令常用选项

参数	说明
-c	若该文件权限确实已经更改，才显示其更改动作
-f	若该文件权限无法被更改也不要显示错误信息
-v	显示权限变更的详细资料
-R	对目前目录下的所有文件与子目录进行相同的权限变更

● 使用实例

① 将当前目录下的文件"file1"的权限更改为允许所有用户读、写、执行权限，并显示更改信息。

```
ypi@ypi-virtual-machine:~$ chmod -c a+rwx file1
mode of'file1'changed form 0644(rw-r--r--) to 0777 (rwxrwxrwx)
```

或：

```
ypi@ypi-virtual-machine:~$ chmod -c 777 file1
```

② 将当前目录下的文件"file2"设为该文件拥有者，与其所属同一个群体者可写入，但群体以外的人则不可写入。

```
ypi@ypi-virtual-machine:~$ chmod ug+w, o-w file2
ypi@ypi-virtual-machine:~$ls -l  file2
-rw-rw-r--  1 ypi ypi 28 3月  4 10: 10 file2
```

2.3.4　压缩打包命令

Linux 中打包压缩的相关命令非常多，最常用的是 gzip 和 tar，下面就介绍这两个基本的压缩命令。

（1）gzip 命令

● 功能说明：压缩文件。

● 语法格式：gzip [参数]压缩的文档名。

● 参数选项如下（见表 2-3-17）。

表 2-3-17　gzip 命令常用选项

参数	说明
-c	将压缩数据输出到标准输出中，并保留源文件
-d	对压缩文件进行解压缩
-r	递归压缩指定目录下以及子目录下的所有文件
-v	对于每个压缩和解压缩的文件，显示相应的文件名和压缩比

● 使用实例：

① 假设当前目录test下有file1.txt、file2.txt两个文件，把当前目录下的每个文件压缩成.gz文件。

```
ypi@ypi-virtual-machine:~/test $ gzip *
ypi@ypi-virtual-machine:~/test $ ls
file1.txt.gz  file2.txt.gz
```

② 我们也可以直接对目录进行压缩。

```
ypi@ypi-virtual-machine:~$ gzip -r test
```

③ 将 test 目录下的文件解压,并列出各个文件的详细信息。

```
ypi@ypi-virtual-machine:~$ gzip -dv *
file1.txt.gz:  0%--replaced with file1.txt
file2.txt.gz:  0%--replaced with file2.txt
```

(2) tar 命令
- 功能说明:备份文件。
- 语法格式:tar[参数]文件名或目录。
- 参数选项如下(见表 2-3-18)。

表 2-3-18　tar 命令常用选项

参数	说明
-c	建立新的打包文件
-r	向打包文件末尾追加文件
-x	从打包文件中解出文件
-v	处理过程中输出相关的信息
-f	要操作的文件名
-z	是否同时具有 gzip 的属性

- 使用实例:
① 将目录/etc/vim 目录下的文件打包成 vim.tar 文件,并且放在当前目录中。

```
ypi@ypi-virtual-machine:~$ tar -cvf vim.tar   /etc/vim
/etc/vim/
/etc/vim/vimrc
/etc/vim/vimrc.tiny
```

② 查看①中生成的 vim.tar 归档文件的内容。

```
ypi@ypi-virtual-machine:~$ tar -tvf vim.tar
drwxr-xr-x  root/root    0  2020-03-04  12:29 etc/vim
-rw-r--r--  root/root  2469 2018-04-11  05:31 /etc/vim/vimrc
-rw-r--r--  root/root  662 2018-04-11  05:31 /etc/vim/vimrc.tiny
```

③ 将打包后的 vim.tar 以 gzip 压缩。

```
ypi@ypi-virtual-machine:~$ tar -zcvf  vim.tar.gz   /etc/vim
```

④ 将当前目录下的 vim.tar.gz 解压缩到当前目录下。

```
ypi@ypi-virtual-machine:~$ tar -zxvf  vim.tar.gz
```

2.3.5　磁盘管理命令

Linux 下的分区需要加载到目录后才能使用，加载的意义就是把磁盘分区的内容放在某个目录下。在 Linux 中把每一个分区和某一个目录对应，以后再对这个目录的操作就是对这个分区的操作。这种把分区和目录对应的过程称为加载（mount），而这个加载在文件树中的位置就是加载点。加载点一定是目录，该目录是进入该文件系统的入口，必须加载到目录树的某个目录后，才能够使用该文件系统。

（1）fdisk 命令

- 功能说明：磁盘分区。
- 语法格式：fdisk[参数][设备号]。
- 参数选项如下（见表 2-3-19）。

表 2-3-19　fdisk 命令常用选项

参数	说明
-l	列出所有分区表
-u	与"-l"搭配使用，显示分区数目

- 使用实例：

显示当前分区情况。

```
root@ubuntu-virtual-machine:~# fdisk -l
Disk /dev/sda: 20 GiB, 21474836480 字节, 41943040 个扇区
单元：扇区 / 1 * 512 = 512 字节
扇区大小(逻辑/物理)：512 字节 / 512 字节
I/O 大小(最小/最佳)：512 字节 / 512 字节
磁盘标签类型：dos
磁盘标识符：0x568f8946
/dev/sda1  *       2048    389119   387072  189M 83 Linux
/dev/sda2         391166 41940991 41549826 19.8G  5 扩展
/dev/sda5         391168  4388863  3997696  1.9G 82 Linux swap / Solaris
/dev/sda6        4390912 41940991 37550080 17.9G 83 Linux
```

使用 fdisk 必须拥有 root 权限。

（2）mount 命令

- 功能说明：挂载指定的文件系统。
- 语法格式：mount[参数][设备名][挂载点]。
- 参数选项如下（见表 2-3-20）。

表 2-3-20　mount 命令常用选项

参数	说明
-a	将/etc/fstab 中定义的所有档案系统挂上
-n	一般而言，mount 在挂上后会在 /etc/mtab 中写入一条资料。但在系统中没有可写入档案系统存在的情况下可以用这个选项取消这个动作

● 使用实例：

① 将/dev/hda1 挂在/mnt 之下。

```
# mount /dev/hda1 /mnt
```

② 挂载光盘镜像文件 mydisk.iso。

```
# mount -o loop -t iso9660/root/mydisk.iso /mnt/vcdrom
```

③ 挂载 U 盘。

第 1 步：在 Linux 系统中，U 盘被当作 SCSI 设备。插入 U 盘之前先用 fdisk-l 命令查看系统的磁盘和磁盘分区情况。

第 2 步：接好 U 盘后，再用 fdisk-l 查看系统磁盘和磁盘分区情况。

第 3 步：对比两次磁盘分区情况查看结果，应该可以发现多了一个 SCSI 磁盘/dev/sdd 和它的一个磁盘分区/dev/sdb1，/dev/sdb1 就是要挂载的 U 盘。

```
# mkdir -p /mnt/usb
# mount -t vfat /dev/sdd1 /mnt/usb
```

若汉字文件名显示为乱码或不显示，可以使用下面命令。

```
# mount -t vfat -o iocharset=cp936 /dev/sdd1 /mnt/usb
```

（3）umount 命令

● 功能说明：卸载指定的文件系统。
● 语法格式：umount[加载点]。
● 参数选项如下（见表 2-3-21）。

表 2-3-21　umount 命令常用选项

参数	说明
-a	卸除/etc/mtab 中记录的所有文件系统
-r	若无法成功卸除，则尝试以只读的方式重新挂入文件系统
-v	执行时显示详细的信息

● 使用实例：

① 卸载一个已经加载的光盘镜像文件 mydisk.iso。

```
# umount /mnt/vcdrom/
```

② 卸载已加载在/mnt/usb 的 U 盘。

```
# umount -r /mnt/usb
```

2.3.6　网络配置命令

（1）ifconfig 命令

- 功能说明：配置网络或显示当前网络接口状态。
- 语法格式：ifconfig[参数][interface][inet|up|down|newmask|addr|broadcast]
- 参数选项如下（见表 2-3-22）。

表 2-3-22　ifconfig 命令常用选项

参数	说明
-a	显示所有的网络接口信息
-s	仅显示每个接口的摘要数据
-v	如果某个网络接口出现错误，将返回错误信息

- 使用实例：
① 显示本地主机上所有网络接口信息。

```
root@ubuntu-virtual-machine:~# ifconfig
ens33: flags=4163<UP,BROADCAST,RUNNING,MULTICAST>  mtu 1500
    inet 192.168.213.131 netmask 255.255.255.0 broadcast 192.168.213.255
    net6 fe80::5752:1fd8:1bfd:3220  prefixlen 64  scopeid 0x20<link>
    ……
```

② 配置 ens33 网络接口的 IP 为 192.168.1.100。

```
root@ubuntu-virtual-machine:~# ifconfig ens33 192.168.1.100
root@ubuntu-virtual-machine:~# ifconfig
ens33: flags=4163<UP,BROADCAST,RUNNING,MULTICAST>  mtu 1500
    inet 192.168.1.100  netmask 255.255.255.0  broadcast 192.168.1.255
    inet6 fe80::5752:1fd8:1bfd:3220  prefixlen 64  scopeid 0x20<link>
    ether 00:0c:29:49:4e:7e  txqueuelen 1000  (以太网)
    ……
```

（2）ping 命令

- 功能说明：查看主机的连通性。
- 语法格式：ping[参数]。
- 参数选项如下（见表 2-3-23）。

表 2-3-23　ping 命令常用选项

参数	说明
-d	使用 Socket 的 SO_DEBUG 功能
-c	设置完成要求回应的次数
-i	指定收发信息的间隔时间
-s	设置书包的大小

● 使用实例：

查看百度网站首页连通性。

```
root@ubuntu-virtual-machine:~# ping www.baidu.com
PING www.a.shifen.com (180.101.49.11) 56(84) bytes of data.
64 bytes from 180.101.49.11 (180.101.49.11): icmp_seq=1 ttl=128 time=14.2 ms
64 bytes from 180.101.49.11 (180.101.49.11): icmp_seq=2 ttl=128 time=15.8 ms
64 bytes from 180.101.49.11 (180.101.49.11): icmp_seq=3 ttl=128 time=15.5 ms
64 bytes from 180.101.49.11 (180.101.49.11): icmp_seq=4 ttl=128 time=14.8 ms
--- www.a.shifen.com ping statistics ---
11 packets transmitted, 11 received, 0% packet loss, time 12018ms
rtt min/avg/max/mdev = 14.162/16.127/26.577/3.413 ms
```

任务 2.4　配置嵌入式常用开发服务

在嵌入式系统开发应用平台中，TFTP、NFS 和 Samba 服务器是最常用的文件传输工具，TFTP 和 NFS 是在嵌入式 Linux 开发环境中经常使用的传输工具，Samba 则是 Linux 和 Windows 之间的文件传输工具。

2.4.1　配置 NFS 服务

NFS 是 Network FileSystem 的缩写，最早是由 Sun 这家公司开发出来的。它最大的功能就是可以通过网络，让不同的机器、不同的操作系统可以彼此分享各自的档案。

NFS 的基本原则是"容许不同的客户端及服务端通过一组 RPC 分享相同的文件系统"，它是独立于操作系统，容许不同硬件及操作系统的用户进行文件的分享。图 2-4-1 展示了 NFS 客户端和 NFS 服务器的通讯过程。

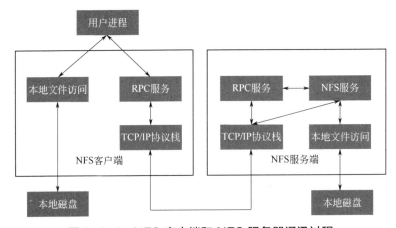

图 2-4-1　NFS 客户端和 NFS 服务器通讯过程

NFS 在文件传送或信息传送过程中依赖于 RPC 协议。RPC，即远程过程调用（Remote Procedure Call），是能使客户端执行其他系统中的程序的一种机制。NFS 本身没有提供信息传输的协议和功能，但 NFS 却能让我们通过网络进行资料的分享，这是因为 NFS 使用其他传输协议，而这些传输协议会用到 RPC 功能，可以说 NFS 本身就是使用 RPC 的一个程序，或者说 NFS 也是一个 RPC SERVER。所以只要用到 NFS 的地方都要启动 RPC 服务，不论是 NFS SERVER 还是 NFS CLIENT。这样 SERVER 和 CLIENT 才能通过 RPC 来实现 PROGRAM PORT 的对应。可以这么理解 RPC 和 NFS 的关系：NFS 是一个文件系统，而 RPC 是负责信息的传输。

（1）安装 NFS 软件包

```
# 安装 NFS 服务器端
root@ubuntu-virtual-machine:~#sudo apt-get install nfs-kernel-server
# 安装 NFS 客户端
root@ubuntu-virtual-machine:~#sudo apt-get install nfs-common
```

（2）添加 NFS 共享目录

```
root@ubuntu-virtual-machine:~#sudo vim /etc/exports
```

若需要把"/nfsroot"目录设置为 NFS 共享目录，请在该文件末尾添加下面的一行：

```
/nfsroot *(rw,sync,no_root_squash)        # * 表示允许任何网段 IP 的系统访问该
NFS 目录
```

新建"/nfsroot"目录，并为该目录设置最宽松的权限。

```
root@ubuntu-virtual-machine:~#sudo mkdir/nfsroot
root@ubuntu-virtual-machine:~#sudo chmod -R777/nfsroot
root@ubuntu-virtual-machine:~#sudo chown ipual:ipual/nfsroot/-R # ipual
为当前用户，-R 表示递归更改该目录下所有文件
```

（3）启动 NFS 服务

```
root@ubuntu-virtual-machine:~#sudo /etc/init.d/nfs-kernel-server
start
```

或者

```
root@ubuntu-virtual-machine:~#sudo /etc/init.d/nfs-kernel-server
restart
```

在 NFS 服务已经启动的情况下，如果修改了"/etc/exports"文件，需要重启 NFS 服务，以刷新 NFS 的共享目录。

（4）测试 NFS 服务器

```
root@ubuntu-virtual-machine:~#sudo mount -t nfs 192.168.12.123:/nfsroot
/mnt -o nolock
```

192.168.12.123 为主机 ip，/nfsroot 为主机共享目录，/mnt 为设备挂载目录，如果指令运行没有出错，则 NFS 挂载成功，在主机的/mnt 目录下应该可以看到 /nfsroot 目录下的内容（可先在 nfsroot 目录下新建测试目录），如需卸载使用如下命令。

```
root@ubuntu-virtual-machine:~#umount /mnt
```

2.4.2　配置 Samba 服务

Samba 用于 Linux 和 Windows 共享文件。Samba 的核心是 SMB（Server Message Block）协议。SMB 协议是客户机/服务器型协议。客户机通过该协议可以访问服务器上的共享文件系统、打印机及其他资源，它是一个开放性的协议，允许协议扩展使得它变得更大而且更复杂。

（1）安装 Samba 服务

安装 Samba 服务器的命令如下。

```
root@ubuntu-virtual-machine:~# sudo apt-get install samba
```

安装过程如图 2-4-2 所示。

图 2-4-2　Samba 服务器的安装

Samba 服务器安装完毕，会生成配置文件目录/etc/samba 和其他 Samba 可执行命令工具。/etc/samba/smb.comf 是 Samba 的核心配置文件，/etc/init.d/smbd 是 Samba 的启动关闭文件。

（2）新建共享目录并设置权限

① 在 Linux 主机上新建共享目录/tmp/share。

```
root@ubuntu-virtual-machine:~# mkdir  /tmp/share
```

② 设置共享目录为所有用户提供可读写权限的共享。

```
root@ubuntu-virtual-machine:~# chmod  777  /tmp/share
```

（3）修改配置文件 smb.conf

Samba 的配置文件一般都放在/etc/samba 目录中，主配置文件名为 smb.conf，该文件中记录着大量的规则和共享信息，所以是 Samba 服务非常重要的核心配置文件，完成 Samba 服务器搭建的大部分主要配置都在该文件中进行。

① 打开 Samba 服务器的配置文件/etc/samba/smb.conf。

在命令行中启动 Vim 编辑器，打开 Samba 服务器的配置文件/etc/samba/smb.conf。

```
root@ubuntu-virtual-machine:~# vim  /etc/sabma/smb.conf
```

打开的 smb.conf 文件如图 2-4-3 所示。

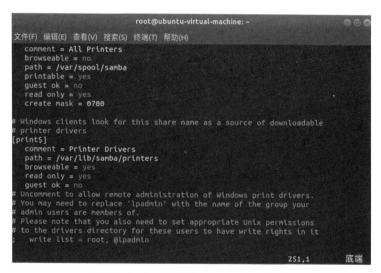

图 2-4-3　打开的 smb.conf 文件

② 修改配置文件 smb.conf。

对 smb.conf 进行修改，在其文件尾增加一个[share]段。

```
comment=share
path=/tmp/share           (指定共享目录)
browseable=yes            (目录可浏览)
writable=yes              (该目录可写)
guest ok=yes              (允许匿名用户访问目录)
```

配置如图 2-4-4 所示。

（4）重启 Samba 服务

组成 Samba 的服务有 SMB 和 NMB 两个，SMB 是 Samba 的核心服务，实现文件的共享；NWB 负责解析，NMB 可以把 Linux 系统共享的工作组名称与其 IP 对应。

```
# Uncomment to allow remote administration of Windows print drivers.
# You may need to replace 'lpadmin' with the name of the group your
# admin users are members of.
# Please note that you also need to set appropriate Unix permissions
# to the drivers directory for these users to have write rights in it
;  write list = root, @lpadmin
[share]
   comment = share
   path = /tmp/share
   writable = yes
   browseable = yes
   guest ok = yes
                                                        265,18          底端
```

图 2-4-4　配置文件的修改

可以通过 service smbd start/stop/restart 或者/etc/init.d/smbd start/stop/restart 来启动、关闭和重启 Samba 服务。

```
root@ubuntu-virtual-machine:~# sudo /etc/init.d/smbd restart
[ok] Restarting smbd (via systemctl): smbd.service.
```

（5）登录 Samba

① 在 Windows 和 Linux 网络都畅通的情况下，在 Windows 下登录 Samba 服务器，使用命令查看 Samba 的 IP 地址。

```
root@ubuntu-virtual-machine:~# ifconfig
```

可以看到当前 Samba 的 IP 地址为：192.168.213.135。如图 2-4-5 所示。

```
root@ubuntu-virtual-machine:~# ifconfig
ens33: flags=4163<UP,BROADCAST,RUNNING,MULTICAST>  mtu 1500
        inet 192.168.213.135  netmask 255.255.255.0  broadcast 192.168.213.255
        inet6 fe80::5752:1fd8:1bfd:3220  prefixlen 64  scopeid 0x20<link>
        ether 00:0c:29:49:4e:7e  txqueuelen 1000  (以太网)
        RX packets 20846  bytes 27668907 (27.6 MB)
        RX errors 0  dropped 0  overruns 0  frame 0
        TX packets 6761  bytes 551144 (551.1 KB)
        TX errors 0  dropped 0 overruns 0  carrier 0  collisions 0

lo: flags=73<UP,LOOPBACK,RUNNING>  mtu 65536
        inet 127.0.0.1  netmask 255.0.0.0
        inet6 ::1  prefixlen 128  scopeid 0x10<host>
        loop  txqueuelen 1000  (本地环回)
        RX packets 349  bytes 31636 (31.6 KB)
        RX errors 0  dropped 0  overruns 0  frame 0
        TX packets 349  bytes 31636 (31.6 KB)
        TX errors 0  dropped 0 overruns 0  carrier 0  collisions 0
```

图 2-4-5　查看当前 Samba 的 IP 地址

② 在 Windows 的"运行"窗口，输入\\192.168.213.135（Samba 对应的 IP 地址）。如图 2-4-6 所示。

图 2-4-6　在运行中输入 Samba 的 IP

点击"确定"按钮，就可进入到共享目录中。如图 2-4-7 所示。

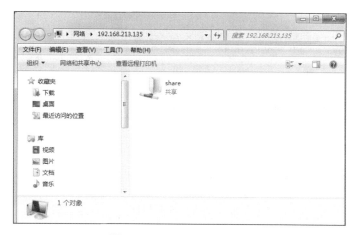

图 2-4-7　进入共享目录

2.4.3　配置 SSH 服务

SSH（Secure Shell）协议是一种在不安全的网络环境中，通过加密和认证机制，实现安全的远程访问及文件传输等业务的网络安全协议。SSH 协议提供两个服务器功能，第一个功能类似 Telnet 的远程登录，即 SSH；第二个功能类似 FTP 服务的 sftp-server，提供更安全的 FTP 服务。SSH 由芬兰的一家公司开发，但是因为受版权和加密算法的限制，现在很多人都转而使用 OpenSSH，OpenSSH 使 SSH 协议的免费开源得以实现。

从客户端来看，SSH 提供两种级别的安全验证。

第一种级别（基于口令的安全验证）只要知道自己的账号和口令，就可以登录到远程主机。过程如图 2-4-8 所示。

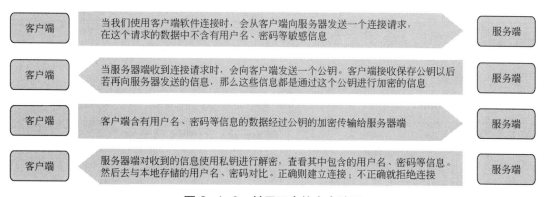

图 2-4-8　基于口令的安全验证

第二种级别（基于密钥的安全验证）需要依靠密钥，也就是必须为自己创建一对密钥，并把公用密钥放在需要访问的服务器上。过程如图 2-4-9 所示。

SSH 最常见的应用就是取代传统的 Telnet、FTP 等网络应用程序，通过 SSH 登录到远程计算机执行工作与命令。在不安全的网络通信环境中，它提供了很强的验证机制与非常安全的通信环境。

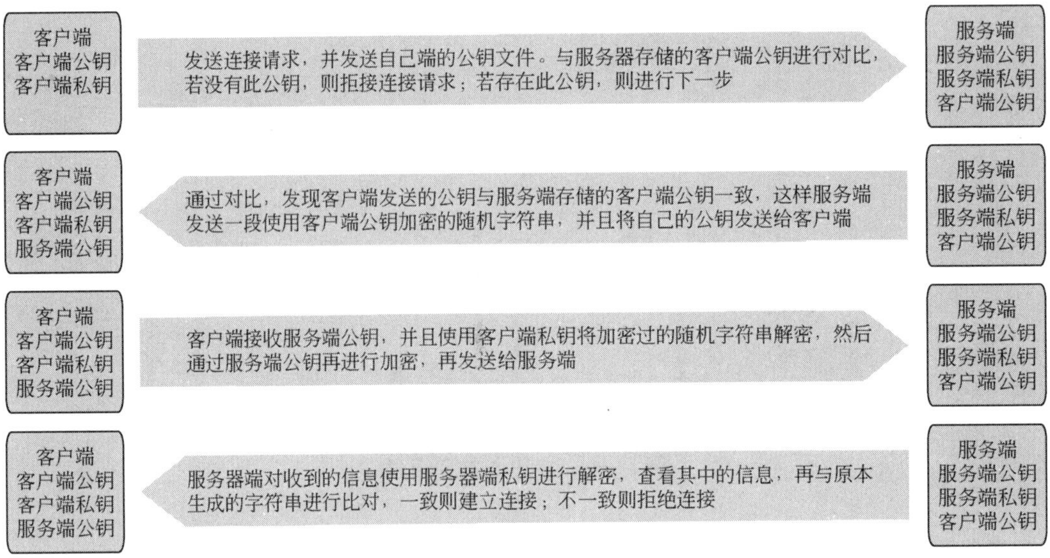

客户端 客户端公钥 客户端私钥	发送连接请求，并发送自己端的公钥文件。与服务器存储的客户端公钥进行对比，若没有此公钥，则拒接连接请求；若存在此公钥，则进行下一步	服务端 服务端公钥 服务端私钥 客户端公钥
客户端 客户端公钥 客户端私钥 服务端公钥	通过对比，发现客户端发送的公钥与服务端存储的客户端公钥一致，这样服务端发送一段使用客户端公钥加密的随机字符串，并且将自己的公钥发送给客户端	服务端 服务端公钥 服务端私钥 客户端公钥
客户端 客户端公钥 客户端私钥 服务端公钥	客户端接收服务端公钥，并且使用客户端私钥将加密过的随机字符串解密，然后通过服务端公钥再进行加密，再发送给服务端	服务端 服务端公钥 服务端私钥 客户端公钥
客户端 客户端公钥 客户端私钥 服务端公钥	服务器端对收到的信息使用服务器端私钥进行解密，查看其中的信息，再与原本生成的字符串进行比对，一致则建立连接；不一致则拒绝连接	服务端 服务端公钥 服务端私钥 客户端公钥

图 2-4-9 基于密钥令的安全验证

（1）安装 SSH 服务

Ubuntu 默认安装了 openssh-client，可以使用 dpkg 检查是否已经安装了 SSH 服务。

```
root@ubuntu-virtual-machine:~#dpkg-l|grep-i "ssh"
ii    openssh-client
secure shell(SSH) client,for secure access to remote machines
ii    openssh-server
secure shell(SSH) server,for secure access from remote machines
```

如果系统没有安装，则使用如下命令安装 SSH 服务器。

```
root@ubuntu-virtual-machine:~#apt-get install openssh-server
root@ubuntu-virtual-machine:~# apt-get install openssh-client
```

（2）启动与停止 SSH 服务

可以使用/etc/init.d/ssh start 来启动 SSH 服务，使用/etc/init.d/ssh stop 来关闭 SSH 服务。

```
root@ubuntu-virtual-machine:~# /etc/init.d/ssh start
Rather than invoking init scripts through /etc/init.d,use the service(8)
Utility,e.g.service ssh start
Since the script you are attempting to invoke has been converted to an
Upstart job,you may also use the start(8) utility,e.g.start ssh
Ssh start/running,process 2676
```

启动 SSH 服务器后，可以用 netstat 或者 ps 命令确认 SSH 服务是否安装好。

```
root@ubuntu-virtual-machine:~# nestat-a | grep ssh
tcp    0    0 *::ssh              *:*    LISTEN
tcp6   0    0 [::]:ssh            [::]:* LISTEN
root@ubuntu-virtual-machine:~#ps-e|grep sshd
613?      00:00:00 sshd
```

（3）配置 SSH 服务

SSH 服务安装好以后，默认配置完全可以正常工作。SSH 的配置文件位于/etc/ssh/sshd_config。常用的推荐配置如下。

- 使 sshd 服务运行在非标准端口上。编辑/etc/ssh/sshd_config 文件，添加一行内容为（假定设置监听端口是 12345）：port 12345。
- 在客户端，用 ssh<server addr> -p 12345 登录服务器。
- 只允许 ssh v2 的连接，设置 protocol 2。
- 禁止 root 用户通过 SSH 登录，设置 PermitRootLogin no。
- 禁止用户使用空密码登录，设置 PermitEmptyPasswords no。
- 限制登录失败后的重试次数，设置 MaxAuthTries 3。
- 只允许在列表中指定的用户登录，设置 AllowUsers user1 user2。

任务 2.5　安装交叉工具编译链

2.5.1　了解交叉编译环境

交叉编译是在一个平台上生成另一个平台上的可执行代码。同一个体系结构可以运行不同的操作系统；同样，同一个操作系统也可以在不同的体系结构上运行。

由于嵌入式系统是专用的计算机系统，处理能力和存储能力较弱，无法直接在嵌入式系统中安装开发环境。因此在进行嵌入式系统开发时，通常需要搭建嵌入式开发环境，采取包含目标机和宿主机的交叉调试方法。如图 2-5-1 所示。

- 宿主机（Host）：是一台通用计算机，它通过串口或网口与目标机通信。宿主机的软硬件资源比较丰富，包括功能强大的操作系统和各种辅助开发工具。
- 目标机（Target）：经常在嵌入式软件开发期间使用，目标机是嵌入式应用软件的实际运行环境。目标机体积较小，集成度高，外围设备丰富多样，且软硬件资源配置都恰到好处。缺点是硬件资源有限，因此目标机上运行的软件需要经过裁剪和配置，并且应用软件需要与操作系统绑定运行。

图 2-5-1　交叉编译环境

交叉编译工具链是为了编译、链接、处理和调试跨平台体系结构的程序代码，在该环境下编译出嵌入式 Linux 系统所需要的操作系统、应用程序等，然后再上传到目标机上。

2.5.2 交叉编译器的安装

首先要明确 GCC 和 arm-linux-gcc 的区别，GCC 是 x86 架构的 C 语言编译器，编译出来的程序在本地执行，而 arm-linux-gcc 是跨平台的 C 语言编译器，编译出来的程序在目标机上执行，嵌入式开发应该使用交叉编译工具链，下面给出详细的安装步骤。

（1）首先将交叉编译工具 arm-linux-gcc-4.5.1-v6-vfp-20120301.tgz 复制到/opt 目录下。我们可以将下载的 arm-linux-gcc-4.5.1-v6-vfp-20120301.tgz 复制到 Samba 共享目录下，这样，我们在 Linux 的终端中进入 Samba 共享目录，就可以看到 arm-linux-gcc-4.5.1 -v6-vfp-20120301.tgz 这个交叉编译工具。然后将该编译器复制到/opt 目录下。

```
root@ubuntu-virtual-machine:~# cd /tmp/share
root@ubuntu-virtual-machine:/tmp/share# ls
arm-linux-gcc-4.5.1-v6-vfp-20120301.tgz
root@ubuntu-virtual-machine:/tmp/share#                          cp
arm-linux-gcc-4.5.1-v6-vfp-20120301.tgz /opt
root@ubuntu-virtual-machine:/tmp/share# cd /opt
root@ubuntu-virtual-machine:/opt# ls
arm-linux-gcc-4.5.1-v6-vfp-20120301.tgz
```

（2）然后进入该目录，执行解压缩命令。

```
root@ubuntu-virtual-machine:/opt#tar                             xzvf
arm-linux-gcc-4.5.1-v6-vfp-20120301.tgz-C /
```

解压过程如图 2-5-2 所示。

图 2-5-2　解压交叉编译器

解压后将交叉工具安装在/opt/FriendlyARM/toolschain/4.5.1 目录下，进入该目录查看文件如下。

```
root@ubuntu-virtual-machine:/opt/FriendlyARM/toolschain/4.5.1# ls
arm-none-linux-gnueabi bin lib libexec share
```

（3）配置环境变量

编辑 root 目录下的.bashrc 文件，配置环境变量，把编译器路径加入系统环境变量，在.bashrc 文件的最后一行加入如下代码。

```
export PATH=$PATH: /opt/FriendlyARM/toolschain/4.5.1/bin
```

详见图 2-5-3 所示。

```
# enable programmable completion features (you don't need to enable
# this, if it's already enabled in /etc/bash.bashrc and /etc/profile
# sources /etc/bash.bashrc).
#if [ -f /etc/bash_completion ] && ! shopt -oq posix; then
#    . /etc/bash_completion
#fi
export PATH=$PATH:/opt/FriendlyARM/toolschain/4.5.1/bin
```

图 2-5-3 配置环境变量

把编译器的路径加入系统环境变量后，打开一个新的终端，检查交叉编译器版本。在命令行输入 arm-linux-gcc–v，若出现如下信息，说明交叉编译环境已经成功安装。如图 2-5-4 所示。

```
COLLECT_GCC=arm-linux-gcc
COLLECT_LTO_WRAPPER=/opt/FriendlyARM/toolschain/4.5.1/libexec/gcc/arm-none-linux
-gnueabi/4.5.1/lto-wrapper
Target: arm-none-linux-gnueabi
Configured with: /work/toolchain/build/src/gcc-4.5.1/configure --build=i686-buil
d_pc-linux-gnu --host=i686-build_pc-linux-gnu --target=arm-none-linux-gnueabi --
prefix=/opt/FriendlyARM/toolschain/4.5.1 --with-sysroot=/opt/FriendlyARM/toolsch
ain/4.5.1/arm-none-linux-gnueabi/sys-root --enable-languages=c,c++ --disable-mul
tilib --with-cpu=arm1176jzf-s --with-tune=arm1176jzf-s --with-fpu=vfp --with-flo
at=softfp --with-pkgversion=ctng-1.8.1-FA --with-bugurl=http://www.arm9.net/ --d
isable-sjlj-exceptions --enable-__cxa_atexit --disable-libmudflap --with-host-li
bstdcxx='-static-libgcc -Wl,-Bstatic,-lstdc++,-Bdynamic -lm' --with-gmp=/work/to
olchain/build/arm-none-linux-gnueabi/build/static --with-mpfr=/work/toolchain/bu
ild/arm-none-linux-gnueabi/build/static --with-ppl=/work/toolchain/build/arm-non
e-linux-gnueabi/build/static --with-cloog=/work/toolchain/build/arm-none-linux-g
nueabi/build/static --with-mpc=/work/toolchain/build/arm-none-linux-gnueabi/buil
d/static --with-libelf=/work/toolchain/build/arm-none-linux-gnueabi/build/static
 --enable-threads=posix --with-local-prefix=/opt/FriendlyARM/toolschain/4.5.1/ar
m-none-linux-gnueabi/sys-root --disable-nls --enable-symvers=gnu --enable-c99 --
enable-long-long
Thread model: posix
gcc version 4.5.1 (ctng-1.8.1-FA)
```

图 2-5-4 交叉编译版本检查

知识梳理

1. 在 Linux 系统中有一个重要的概念：一切都是文件。

2. Linux 系统能够支持的文件系统非常多，除 Linux 默认文件系统 Ext2、Ext3 和 Ext4 之外，还能支持 fat16、fat32、NTFS 等 Windows 文件系统。

3. Linux 中主要的文件类型分为 4 种：普通文件、目录文件、链接文件和设备文件。

4. Linux 中文件的拥有者可以把文件的访问属性设成 3 种不同的访问权限：可读（r）、可写（w）和可执行（x）。文件又有 3 个不同的用户级别：文件拥有者（u）、所属的用户组（g）和系统里的其他用户（o）。

5. Linux 的文件系统采用阶层式的树状目录结构，该结构的最上层是根目录“/”，然后在根目录下再建立其他的目录。

6. su 命令可以切换不同的用户身份。

7. cd 命令可以变换工作目录。

8. pwd 命令可以显示当前的工作目录。

9. ls 可以显示指定工作目录的内容。

10. mkdir 命令可以创建一个目录。

11. touch 命令可以新建一个空白的文件。

12. cp 命令可以复制文件和目录。

13. mv 命令可以重命名文件、移动文件和目录。

14. rm 命令可以删除文件和目录。

15. chmod 命令可以改变文件的访问权限。

知识巩固

1. 单项选择题

（1）在嵌入式 Linux 系统下，复制文件使用（　　）命令。

    A. rm   B. mv   C. cp   D. ls

（2）在嵌入式 Linux 系统下，删除文件使用（　　）命令。

    A. cp   B. mv   C. rm   D. ls

（3）在嵌入式 Linux 系统下，查看目录及文件使用（　　）命令。

    A. mv   B. cp   C. ls   D. rm

（4）在嵌入式 Linux 系统下，更改文件名称使用（　　）命令。

    A. ls   B. cp   C. mv   D. rm

（5）在嵌入式 Linux 系统下，显示当前目录使用（　　）命令。

    A. ls   B. chmod   C. pwd   D. cd

（6）在嵌入式 Linux 系统下，切换目录使用（　　）命令。

    A. pwd   B. chmod   C. cd   D. ls

（7）在嵌入式 Linux 系统下，修改文件权限使用（　　）命令。

    A. cd   B. pwd   C. chmod   D. ls

（8）在嵌入式 Linux 系统下，查询正在执行的进程使用（　　）命令。

    A. ls   B. pwd   C. ps   D. cd

（9）在交叉开发环境下，使用（　　）命令可以将宿主机上共享磁盘/磁盘分区挂载到嵌入式 Linux 的文件系统。

    A. cat   B. mv   C. mount   D. chmod

（10）采用 gcc 编译 C 源程序后，生成可执行文件 a.out，若需要将该文件设置为可执行，以下命令正确的是（　　）。

    A. chmod 666 a.out   B. chmod 555 a.out

    C. chmod 444 a.out   D. chmod 222 a.out

（11）当嵌入式 Linux 启动成功后，常用（　　）命令查看网络上指定主机是否工作。

    A. telent   B. ping   C. mount   D. su

（12）用于自动补全功能时，输入命令或文件的前 1 个或后几个字母按（　　）键。

    A. ctrl   B. tab   C. alt   D. esc

（13）解压缩文件 mydjango.tar.gz，我们可以用（　　）。

    A. tar -zxvf mydjango.tar.gz   B. tar -xvz mydjango.tar.gz

C. tar -czf mydjango.tar.gz　　　　D. tar - xvf mydjango.tar.gz

（14）Linux 配置文件一般放在（　　　）目录。

A. etc　　　　　B. bin　　　　　　　C. lib　　　　　　　　D. dev

（15）如果执行命令，chmod 746 file.txt，那么该文件的权限是（　　　）。

A. rwxr—rw—　　　　　　　　　　B. rw-r—r—

C. —xr—rwx　　　　　　　　　　　D. rwxr—r—

（16）（　　　）目录存放用户密码信息。

A. /boot　　　　B. /etc　　　　　　C. /var　　　　　　　D. /dev

（17）（　　　）命令可以将普通用户转换为超级用户。

A. super　　　B. passwd　　　　C. tar　　　　　　　　D. su

（18）Samba 服务器的配置文件是（　　　）。

A. httpd.conf　　　　　　　　　　B. inetd.conf

C. rc.samba　　　　　　　　　　　D. smb.conf

（19）用户编写了一个文本文件 a.txt，想将文件名称改为 txt.a，下列命令（　　　）可以实现。

A. cd a.txt　txt.a　　　　　　　　B. echo a.txt >txt.a

C. rm a.txt　txt.a　　　　　　　　D. cat a.txt >txt.a

（20）下列提法中，不属于 ifconfig 命令作用范围的是（　　　）。

A. 配置本地回环地址　　　　　　　B. 配置网卡的 IP 地址

C. 激活网络适配器　　　　　　　　D. 加载网卡到内核中

2. 填空题

（1）在 Linux 系统中，将指定的文件或目录复制到另一个文件或目录中，使用的命令是_____。

（2）在 Linux 系统中，命令_____可以删除一个目录中的一个或多个文件和目录，也可以将某个目录和其中所有文件及子目录都删除。

（3）在 Linux 系统中，命令_____可以查看目录及文件。

（4）在 Linux 系统中，使用_____命令可以为文件或目录改名，或将文件由一个目录移入另一个目录中。

（5）在 Linux 系统中，命令_____用来显示当前工作目录。

（6）在 Linux 系统中，命令_____用来修改文件权限的命令。

（7）在 Linux 系统中，可以使用_____命令来查看正在执行的进程。

（8）在 Linux 系统中，可以使用_____命令来查看网络上哪台主机在工作。

（9）在 Linux 系统中，可以使用_____命令来观察系统动态进程。

3. 简答题

（1）请问你使用的 Linux 发行版是什么？如何查看 Linux 发行版信息？

（2）某文件权限是 drw-r—rw-，请解读该权限。

（3）如何在 Windows 和 Linux 传输文件？有哪些方法？

项目 3

学习使用 Linux 常用编程工具

知识能力与目标

■■■ 会使用 Vim 编辑器；

■■■ 掌握 GCC 的编译流程；

■■■ 会写简单的 Makefile。

任务 3.1　Vim 编辑工具的使用

Linux 提供了一个完整的编辑器家族系列，如 Ed、Ex、Vi 和 Emacs 等。Vi 是美国加州大学伯克利分校的 Joy 开发的，从诞生以来一直得到广大用户的青睐，历经数十年仍然是人们主要使用的文本编辑工具。Vim 是从 Vi 发展出来的一个文本编辑器，代码补全、编译及错误跳转等方便编程的功能特别丰富，在程序员中被广泛使用。

3.1.1　Vim 的工作模式

Vim 有三种模式，分别为一般模式、插入模式及命令行模式。如图 3-1-1 所示。

一般模式：用户在用 Vim 编辑文件时，最初进入的为一般模式。在该模式中，用户可以通过上下移动光标来进行"删除字符"或"整行删除"等操作，也可以进行"复制""粘贴"等操作，但无法编辑文字。

插入模式：只有在该模式下，用户才能进行文字编辑输入，用户按【Esc】键可回到一般模式。

命令行模式：在该模式下，光标位于屏幕的底行。用户可以进行文件保存或退出操作，也可以设置编辑环境，如搜索字符串、列出行号等。

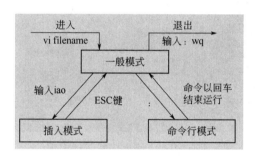

图 3-1-1　Vim 的三种模式

3.1.2　Vim 的简易使用

使用 Vim 建立一个 test.txt 文件，操作步骤如下。

① 在命令行中键入"Vim　test.txt"，进入 Vim。

```
root@ubuntu-virtual-machine:~# vim test.txt
```

此时进入的是一般模式，光标位于屏幕的上方。如图 3-1-2 所示。

② 按【I】键进入编辑模式，开始编辑文字。

在一般模式下，只要按<i><a>或<o>字符，就可以进入编辑模式。在编辑模式中，左下角会出现"--插入--"，意味着可以输入任意字符，如图 3-1-3 所示。此时，键盘除了【Esc】键外，其他按键都可以视为一般模式的输入按钮，可以进行任何编辑。

③ 按【Esc】键，回到一般模式。如图 3-1-4 所示。

图 3-1-2　一般模式

图 3-1-3　插入模式下的编辑

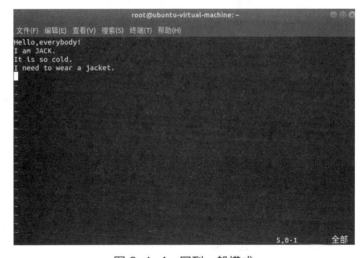

图 3-1-4　回到一般模式

此时，左下角的"--插入--"不见了，即退出编辑模式，返回一般模式。

④ 在一般模式下输入<:>进入底行模式，输入 wq 命令，然后按下【Enter】键，存储后离开 Vim。如图 3-1-5 所示。

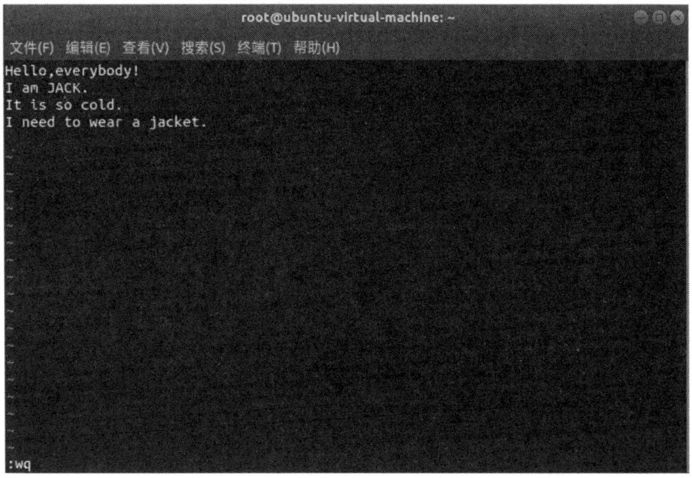

图 3-1-5　存储退出

3.1.3　Vim 命令及运用

（1）Vim 常用命令

常用的命令如表 3-1-1 所示。

表 3-1-1　命令行

一般模式：移动光标的方法	
h 或向左箭头键（←）	光标向左移动一个字符
j 或向下箭头键（↓）	光标向下移动一个字符
k 或向上箭头键（↑）	光标向上移动一个字符
l 或向右箭头键（→）	光标向右移动一个字符
【Ctrl】+【f】	屏幕『向下』移动一页，相当于【Page Down】按键
【Ctrl】+【b】	屏幕『向上』移动一页，相当于【Page Up】按键
【Ctrl】+【d】	屏幕『向下』移动半页
【Ctrl】+【u】	屏幕『向上』移动半页
+	光标移动到非空格符的下一行
−	光标移动到非空格符的上一行
N【space】	n 表示『数字』，例如 20。按下数字后再按空格键，光标会向右移动这一行的 n 个字符。例如 20【space】则光标会向后面移动 20 个字符距离
0 或功能键【Home】	这是数字"0"：移动到这一行的最前面字符处
$ 或功能键【End】	移动到这一行的最后面字符处（常用）
H	光标移动到这个屏幕的最上方那一行的第一个字符

续表

一般模式：移动光标的方法	
M	光标移动到这个屏幕的中央那一行的第一个字符
L	光标移动到这个屏幕的最下方那一行的第一个字符
G	移动到这个档案的最后一行（常用）
nG	n 为数字。移动到这个档案的第 n 行。例如 20G 则会移动到这个档案的第 20 行（可配合 :set nu）
gg	移动到这个档案的第一行，相当于 1G
N【Enter】	n 为数字。光标向下移动 n 行
一般模式：搜索与替换	
/word	向光标之下寻找一个名称为 word 的字符串
?word	向光标之上寻找一个字符串名称为 word 的字符串
n	这个 n 是英文按键。代表重复前一个搜寻的动作
:n1,n2s/word1/word2/g	n1 与 n2 为数字。在第 n1 与 n2 行之间寻找 word1 这个字符串，并将该字符串取代为 word2
:1,$s/word1/word2/g 或 :%s/word1/word2/g	从第一行到最后一行寻找 word1 字符串，并将该字符串取代为 word2
:1,$s/word1/word2/gc 或 :%s/word1/word2/gc	从第一行到最后一行寻找 word1 字符串，并将该字符串取代为 word2，且在取代前显示提示字符给用户确认（confirm）是否需要取代
一般模式：删除、复制与粘贴	
x, X	在一行字当中，x 为向后删除一个字符（相当于【Del】按键），X 为向前删除一个字符（相当于【Backspace】即退格键）（常用）
nx	n 为数字，连续向后删除 n 个字符。举例来说，我要连续删除 10 个字符则是 10x
dd	删除光标所在的那一整行
ndd	n 为数字。删除光标所在的向下 n 行，例如 20dd 则是删除 20 行
d1G	删除光标所在到第一行的所有数据
dG	删除光标所在到最后一行的所有数据
d$	删除光标所在处到该行的最后一个字符
d0	那个是数字的 0，删除光标所在处到该行的最前面一个字符
yy	复制光标所在的那一行
nyy	n 为数字。复制光标所在的向下 n 行，例如 20yy 则是复制 20 行
y1G	复制光标所在行到第一行的所有数据
yG	复制光标所在行到最后一行的所有数据
y0	复制光标所在的那个字符到该行行首的所有数据
y$	复制光标所在的那个字符到该行行尾的所有数据
p, P	p 为将已复制的数据在光标下一行贴上，P 则为贴在光标上一行
J	将光标所在行与下一行的数据结合成同一行

续表

一般模式：删除、复制与粘贴	
c	重复删除多个数据，例如向下删除 10 行则是 10cj
u	复原前一个动作
【Ctrl】+r	重做上一个动作
.	重复前一个动作
进入编辑模式	
i, I	进入输入模式（Insert mode）： i 为从目前光标所在处输入，I 为在目前所在行的第一个非空格符处开始输入
a, A	进入输入模式（Insert mode）： a 为从目前光标所在的下一个字符处开始输入，A 为从光标所在行的最后一个字符处开始输入
o, O	进入输入模式（Insert mode）： 这是英文字母 o 的大小写。o 为在目前光标所在的下一行处输入新的一行；O 为在目前光标所在处的上一行输入新的一行
r, R	进入取代模式（Replace mode）： r 只会取代光标所在的那一个字符一次；R 会一直取代光标所在的文字，直到按下 Esc 为止
【Esc】	退出编辑模式，回到一般模式中
命令行模式	
:w	将编辑的数据写入硬盘档案中
:w!	若文件属性为"只读"时，强制写入该档案。不过，到底能不能写入，还跟用户对该档案的档案权限有关
:q	离开 Vi
:q!	若曾修改过档案，又不想储存，使用!为强制离开不储存档案
:wq	储存后离开，若为:wq!则为强制储存后离开
ZZ	这是大写的 Z。若档案没有更动，则不储存离开，若档案已经被更动过，则储存后离开
:w [filename]	将编辑的数据储存成另一个档案（类似另存新档）
:r [filename]	在编辑的数据中，读入另一个档案的数据。即将『filename』这个档案内容加到游标所在行后面
:n1,n2 w [filename]	将 n1 到 n2 的内容储存成 filename 这个档案
:! command	暂时离开 vi 到指令行模式下执行 command 的显示结果！例如":! ls /home"即可在 vi 当中察看/home 底下以 ls 输出的档案信息
:set nu	显示行号，设定之后会在每一行的前缀显示该行的行号
:set nonu	与 set nu 相反，为取消行号

（2）Vim 命令练习实例

下面以一个实例来熟悉 Vim 命令的使用。

① 在/root 目录下建立一个名为"vimtest"的目录。

```
root@ubuntu-virtual-machine:~# mkdir vimtest
```

② 进入 vimtest 目录中。

```
root@ubuntu-virtual-machine:~# cd vimtest/
```

③ 用 Vim 建立 test.txt 文件，键入<i>进入输入模式并输入内容。如图 3-1-6 所示。

```
root@ubuntu-virtual-machine:~/vimtest# vim test.txt
```

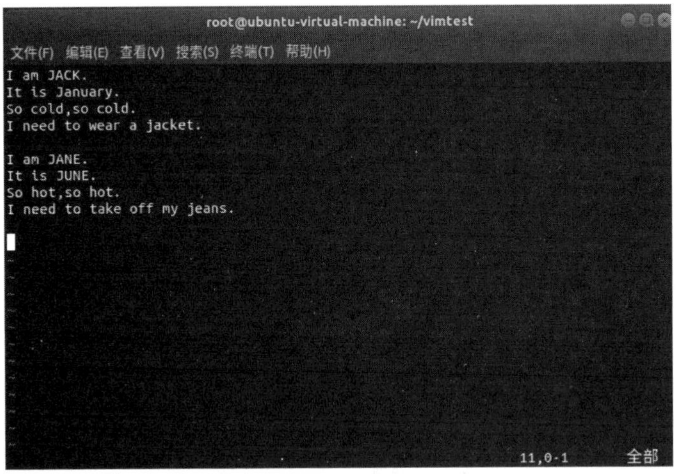

图 3-1-6　Vim 建立文档

④ 为文档设定行号。

按【Esc】键进入命令行模式，在底行输入如下命令：

```
: set nu
```

结果如图 3-1-7 所示。

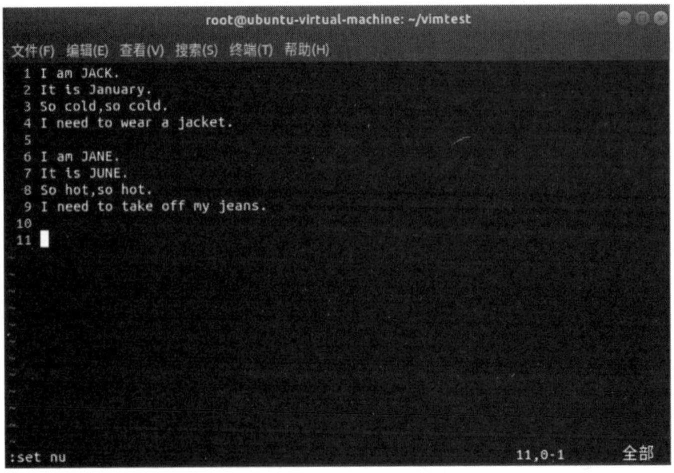

图 3-1-7　设置行号

⑤ 将光标移动到首行，复制该行内容。命令如下：

```
1G              //光标移动到首行
yy              //复制
```

⑥ 将光标移动到最后一行，粘贴复制行内容。命令如下：

```
G               //光标移动到最后一行
p               //粘贴
```

结果如图 3-1-8 所示。

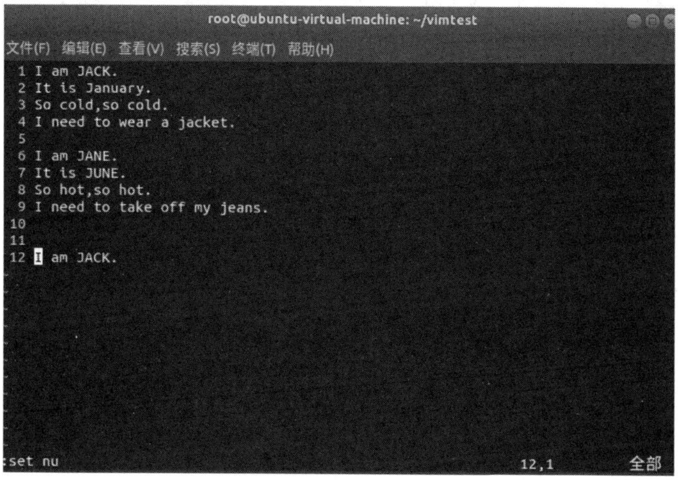

图 3-1-8　复制粘贴

⑦ 将光标移动到第四行，删除该行内容，存盘但不退出。命令如下：

```
4G              //光标移动到第 4 行
dd              //删除改行内容
: w             //存盘但不退出
```

结果如图 3-1-9 所示。

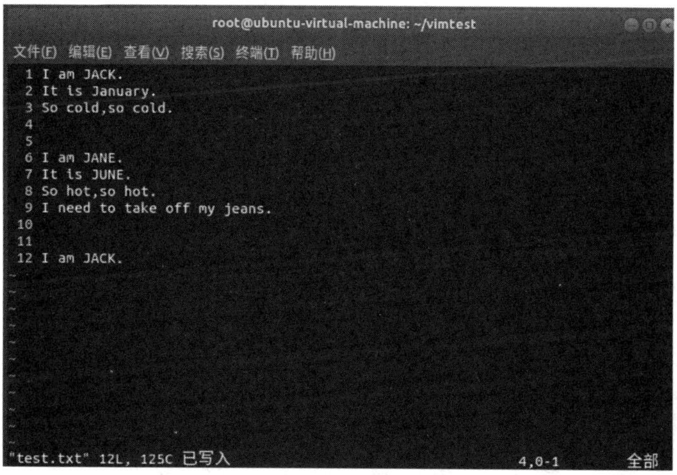

图 3-1-9　删除内容

⑧ 将光标移动到首行，向下查找字符串"hot"。命令如下：

```
G               //光标移动到首行
/hot            //向下搜索字符串"hot"
```

结果如图 3-1-10 所示。

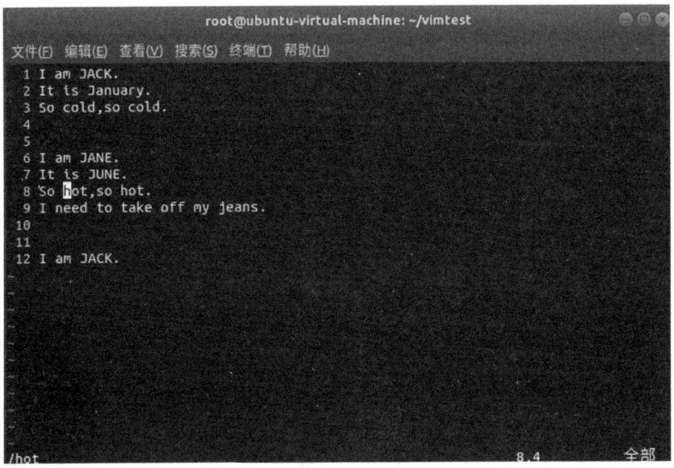

图 3-1-10　查找内容

⑨ 强制退出 Vim，不存盘。命令如下：

```
: q!            //底行模式，强制退出。
```

任务 3.2　GCC 编译器的使用

3.2.1　GCC 编译流程

GCC（GNU Compiler Collection，GNU 编译器套件）是由 GNU 开发的编程语言编译器。GNU 编译器套件包括 C、C++、Objective-C、Fortran、Java、Ada 和 Go 语言前端，也包括了这些语言的库（如 libstdc++，libgcj 等）。GCC 支持多种计算机体系结构芯片，如 x86、ARM、MIPS 等，并已被移植到其他多种硬件平台。

（1）GCC 所遵循的部分约定规则

GCC 编译器能将 C、C++语言源代码、汇编语言源代码编译连接成可执行文件。在 Linux 系统中，可执行文件没有统一的后缀，系统从文件的属性来区分可执行文件和不可执行文件。GCC 支持编译源文件的后缀及其解释如表 3-2-1 所示。

表 3-2-1　GCC 所支持的后缀

后缀名	所对应的语言	后缀名	所对应的语言
.c	C 语言源代码文件	**.m**	Objective-C 源代码文件
.C/.cc/.cxx	C++源代码文件	**.s**	汇编语言源代码文件

续表

后缀名	所对应的语言	后缀名	所对应的语言
.h	预处理文件（头文件）	.o	编译后的目标文件
.i	已经预处理过的 C 源代码文件	.a	编译后的库文件
.ii	已经预处理过的 C++源代码文件	-S	经过预编译的汇编语言源代码文件

（2）GCC 编译流程解析

对于 GCC 编译器来说，程序的编译要经历预处理、编译、汇编和链接 4 个阶段。

- 预处理（preprocessing）：对.c 源文件进行预处理，生成.i 文件。
- 编译（compilation）：对.i 文件进行编译，生成.s 汇编文件。
- 汇编（assembly）：对.s 文件进行汇编，生成.o 目标文件。
- 链接（linking）：对.o 文件进行链接，生成可执行文件。

下面通过 GCC 编译一个简单 c 文件来看一下 GCC 是如何完成以上 4 个步骤的。

用 Vim 创建 hello.c 文件，输入如下源代码：

```c
#include<stdio.h>
int main()
{
    printf("hello, world!\n");
    return 0;
}
```

① 预处理　在该阶段，输入的是 C 语言的源文件*.c，该阶段是对包含的头文件（#include）和宏定义（#define、#ifdef）进行处理。该阶段会生成一个中间文件*.i。用户可以使用 GCC 的选项"-E"进行查看，该选项的作用是让 GCC 在预处理结束后停止编译过程。

```
root@ubuntu-virtual-machine:/test2# gcc -E hello.c -o hello.i
root@ubuntu-virtual-machine:/test2# ls
 hello.c  hello.i
```

此处，选项"-o"是指目标文件。

② 编译阶段　在这个阶段，GCC 首先要检查代码的规范性、是否有语法错误等，以确定代码实际要做的工作，在检查无误后，GCC 把预处理后的文件*.i，转换为汇编语言文件*.s。用户可使用"-S"选项进行查看，该选项是只进行编译而不进行汇编，结果生成汇编代码。

```
root@ubuntu-virtual-machine:/test2# gcc -S hello.i -o hello.s
root@ubuntu-virtual-machine:/test2#ls
hello.c  hello.i  hello.s
```

③ 汇编阶段　在汇编阶段将输入的汇编文件*.s 转换成机器语言*.o。汇编就是将汇编指令变成二进制的机器码，即生成扩展名为.o 的目标文件。用户可使用选项"-c"来将汇编代码转化为.o 的二进制代码。

```
root@ubuntu-virtual-machine:/test2# gcc -c hello.s -o hello.o
root@ubuntu-virtual-machine:/test2#ls
hello.c  hello.i  hello.o  hello.s
```

④ 链接阶段　链接是编译的最后一个阶段，将各个目标链接起来生成可执行程序。在链接阶段将输入的机器代码文件*.o 编译生成可执行的二进制代码文件。

```
root@ubuntu-virtual-machine:/test2# gcc hello.o -o hello
root@ubuntu-virtual-machine:/test2# ls
hello  hello.c  hello.i  hello.o  hello.s
```

以上 4 个步骤如图 3-2-1 所示。

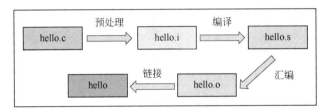

图 3-2-1　GCC 编译过程

运行该可执行文件，出现的结果如下：

```
root@ubuntu-virtual-machine:/test2# ./hello
hello,world!
```

3.2.2　GCC 编译选项

在使用 GCC 编译器的时候，我们必须给出一系列必要的调用参数和文件名称。

GCC 最基本的用法是：gcc [options] [filenames]，其中 options 就是编译器所需要的参数，filenames 则给出相关的文件名称。

GCC 有超过 100 个可用选项，主要包括总体选项、警告和出错选项、优化选项和体系结构相关选项。以下对其中常用选项进行介绍。

（1）总体选项

总体选项控制编译的流程，主要的选项如表 3-2-2 所示。

表 3-2-2　GCC 总体选项

选项	作用
-c	只编译不链接，生成目标文件".o"
-S	只编译不汇编，生成汇编代码
-E	只进行预编译，不做其他处理
-g	在可执行程序中包含标准调试信息
-o file	将 file 文件指定为输出文件
-v	打印出编译内部编译各过程的命令行信息和编译器的版本
-I dir	在头文件的搜索路径列表中添加 dir 目录
-L dir	在库文件的搜索路径列表中添加 dir 目录
-static	进行静态编译，即链接静态库

　　-I dir 选项可以在头文件的搜索路径列表中添加 dir 目录。Linux 中的头文件都默认放在"/usr/include"目录下，因此，当用户希望添加放置在其他位置的头文件时，就可以通过"-I dir"选项来指定，这样，GCC 就会到相应的位置查找对应的目录。

　　-L dir 选项的功能与-I dir 的类似，能够在库文件的搜索路径列表中添加 dir 目录。例如，有一个程序 hello.c 需要用到目录/root/workplace/Gcc/lib 下的一个动态库 libsunq.so，则只需要输入以下命令即可。

```
root@ubuntu-virtual-machine:~#gcc hello.c-L root/workplace/Gcc/lib-
lsunq-o hello
```

　　另外，值得详细解释一下的是-l 选项，它指示 GCC 去链接库文件 libsunq.so。由于在 Linux 下的库文件命名时有一个规定：必须以 lib 这 3 个字母开头。因此在用-l 选项指定链接的库文件名时可以省去 lib 这 3 个字母。也就是说 GCC 在对-lsunq 进行处理时，会自动链接名为 libsunq.so 的文件。

　　（2）警告和出错选项

　　GCC 在编译过程中会产生大量的信息，这里就主要设置对这些信息的显示控制，主要选项如表 3-2-3 所示。

表 3-2-3　GCC 警告和出错选项

选项	作用
-w	屏蔽所有的警告信息
-Wall	允许发出 GCC 提供的所有有用的报警信息
-ansi	支持符合 ANSI 标准的 C 程序
-pednatic	允许发出 ANSI C 标准所列出的全部警告信息
-werror	把所有的警告信息转化为错误信息，并在警告发生时终止编译过程

3.2.3　GCC 编译实例

　　（1）编译简单的 C 程序

　　使用 Vim 编辑器编写以下程序，将文件命名为 test1.c。

```
#include<stdio.h>
int main()
{
    int a,b,sum;
    a=123;
    b=345;
    sum=a+b;
    printf("sum is %d\n",sum);
     return 0;
}
```

　　用 GCC 编译该文件，使用如下命令。

```
ubuntu@ubuntu-virtual-machine:~/test$ gcc -wall test1.c -o test1
ubuntu@ubuntu-virtual-machine:~/test$ ls
```

```
test1  test1.c
ubuntu@ubuntu-virtual-machine:~/test$ ./test1
sum is 468
```

选项-Wall 开启 GCC 提供的所有有用的报警信息。默认情况下，GCC 不会产生任何警告信息。当编写 C 或 C++程序时，编译器警告非常有助于检测程序存在的问题。

该命令的-o 选项后生成的可执行文件的名称，如果省略，输出文件默认为 a.out。一般不建议这样做。

```
ubuntu@ubuntu-virtual-machine:~/test$ gcc -wall test1.c
ubuntu@ubuntu-virtual-machine:~/test$ ls
a. out    test1.c
ubuntu@ubuntu-virtual-machine:~/test$ ./a.out
sum is 468
```

（2）编译多个源文件

一个源程序可以分为几个文件，这样便于编辑与理解。下面将上述程序分成 3 个文件：sum.c、main.c 和头文件 sum.h。

```
/********main.c***********/
 #include<stdio.h>
 #include "sumh"
int main()
{
    int x;
     x=sum(123,456);
     printf( "sum is %d\n",x);
     return 0;
}
/********sum.h***********/
int sum(int a,int b);
/********sum.c***********/
#include "sum.h"
Int sum(int a,int b)
{
  Int sum;
 Sum=a+b;
  return(sum);
}
```

GCC 编译以上源文件，使用以下命令。

```
ubuntu@ubuntu-virtual-machine:~/sum$ gcc -wall main.c sum.c -o newsum
ubuntu@ubuntu-virtual-machine:~/sum$ ls
main.c newsum  sum.c  sum.h
ubuntu@ubuntu-virtual-machine:~/sum$ ./newsum
sum is 468
```

在这个程序中，头文件 sum.h 并未在命令行中指定，源文件中的#include "sum.h" 使得编译器会自动将其包含在合适的位置。

任务 3.3 Make 工程管理器的使用

Make 工程管理器，顾名思义，是指管理较多文件的工具。假设有一个由上百个代码文件构成的项目，如果其中只有一个或少数几个文件进行了修改，按照之前所学的 GCC 编译工具，就不得不把这所有的文件重新编译一遍，因为编译器并不知道哪些文件是最近更新的。要把源代码编译成可执行文件，程序员就不得不重新输入数目庞大的文件名来完成最后的编译工作。

但是，编译过程分为编译、汇编、链接阶段，其中编译阶段仅检查语法错误以及函数与变量是否正确地声明了，在链接阶段则主要完成函数链接和全局变量的链接。因此，那些没有改动的源代码根本不需要重新编译，而只要把它们重新链接进去就可以了。所以，人们就希望有一个工程管理器能够自动识别更新了的文件代码，同时又不需要重复输入冗长的命令行，这样，Make 工程管理器就应运而生了。

实际上，Make 工程管理器也就是个"自动编译管理器"，这里的"自动"是指它能够根据文件时间戳自动发现更新过的文件而减少编译的工作量，同时，它通过读入 Makefile 文件的内容来执行大量的编译工作。用户只需要编写一次简单的编译语句就可以了，这大大提高了实际项目的工作效率。几乎所有 Linux 下的项目均会使用 Makefile 管理器。

3.3.1 Makefile 基本结构

（1）Makefile 的基本结构

Makefile 的基本格式如下：

```
target: dependency_files
    command  /*改行必须以 Tab 键开头*/
```

在这个规则中包含如下内容：
- 需要由 make 工具创建的目标体（target），通常是目标文件或可执行文件；
- 要创建的目标体所依赖的文件（dependency_file）；
- 创建每个目标体时需要运行的命令（command），这一行必须以制表符（Tab 键）开头。

（2）第一个 Makefile

假设在目录 test 下有一个项目的程序由 5 个文件组成，源代码如下：

① main.c

```
#include"myfile1.h"
#include"myfile2.h"
 int main()
{
    myfile1_print("hello file1!");
    myfile2_print("hello file2!");
    return 0;
}
```

② myfile1.c

```
#include"myfile1.h"
#include<stdio.h>
 void myfile1_print(char *print_str)
 {
        printf("This is myfile1 print:%s",print_str);
}
```

③ myfile1.h

```
#ifndel _MYFILE_1_H
#define _MYFILE_1_H
 void myfile1_print(char *print_str)
  #endif
```

④ myfile2.c

```
#include"myfile21.h"
#include<stdio.h>
 void myfile2_print(char *print_str)
 {
        printf("This is myfile2_ print:%s",print_str);
}
```

⑤ myfile1.h

```
#ifndel _MYFILE_2_H
#define _MYFILE_2_H
 void myfile2_print(char *print_str)
  #endif
```

我们按照常规的方法编写第一个 Makefile。在终端中输入：

```
ubuntu@ubuntu-virtual-machine:~/test$vim makefile
```

进入 Vim 后，点<i>进入插入模式，输入如下代码。

```
/*first makefile*/
main: main.o myfile1.o  myfile2.o
      gcc  main.o myfile1.o myfile2.o-o main
main.o: main.c myfile1.h myfile2.h
      gcc-c main.c-o main.o
myfile1.o:myfile1.c myfile1.h
      gcc-c myfile1.c-o myfile1.o
myfile2.o:myfile2.c myfile2.h
      gcc-c myfile2.c-o myfile2.o
clean:
        rm   -f   *.o
```

接着就可以使用 make 了。使用 make 的格式为：make target，这样 make 就会自动读入 makefile（也可以是首字母大写的 Makefile）并执行对应 target 的 command 语句，并会找到对应的依赖文件。如下所示。

```
ubuntu@ubuntu-virtual-machine:~/test$ make
gcc -c myfile1.c -o myfile1.o
```

```
gcc -c myfile2.c -o myfile2.o
gcc main.o myfile1.o myfile2.o -o main
ubuntu@ubuntu-virtual-machine:~/test$ ls
main     main.o    myfile1.c  myfile1.o  myfile2.h
main.c   makefile  myfile1.h  myfile2.c  myfile2.o
ubuntu@ubuntu-virtual-machine:~/test$ ./main
This is myfile1 print:hello myfile1!
This is myfile2 print:hello myfile2!
```

在这个 Makefile 中有 4 个目标体，分别是 main、main.o、myfile1.o 和 myfile2.o，其中第一个目标体的依赖文件就是后三个目标体。如果用户使用命令"make main"，那么 make 管理器就会找到 main 目标体开始执行。这时，Make 会自动检查相关文件的时间戳。首先，在检查"main.o""myfile1.o""myfile2.o"和"main"4 个文件的时间戳之前，它会向下查找那些把"main.o""myfile1.o"或"myfile2.o"作为目标文件的时间戳。比如"myfile1.o"的依赖文件为"myfile1.h""myfile1.c"。如果这些文件中任何一个的时间戳比"myfile1.o"新，那么命令"gcc–c myfile1.c–o myfile1.o"将会执行，从而更新文件"myfile1.o"。在更新完"myfile1.o""myfile2.o"或"main.o"之后，make 会检查最初的"myfile1.o""myfile2.o""main.o"和"main"文件，只要文件"myfile1.o""myfile2.o"或"Main.o"中的任何文件时间戳比"main"新，则第二行命令就会被执行。这样，Make 就完成了自动检查时间戳的工作，开始执行编译工作。这也就是 Make 工程管理器工作的基本流程。

Clean 是一个伪目标，在编译过程中生产了许多编译文件，我们应该提供一个清除它们的"目标"来清除编译过程中生成的文件。Clean 即是这个目标。"伪目标"只是一个标签，Make 无法生成它的依赖关系，只是通过它来完成需要的一些工作。

"伪目标"的取名不能和其他目标文件重名，为了避免这种情况，我们可以使用一个特殊的标记".PHONY"来显式地指明一个目标是"伪目标"，向 make 说明不管是否有这个文件，这个目标就是"伪目标"。

```
.PHONY:clean
Clean:
    rm *.o temp
```

在终端执行"make clean"命令后，我们发现过程中生成的编译文件被删除掉了。结果如下所示。

```
ubuntu@ubuntu-virtual-machine:~/test$ make clean
rm -f *.o
ubuntu@ubuntu-virtual-machine:~/test$ ls
main  main.c  makefile  myfile1.c  myfile1.h  myfile2.c  myfile2.h
```

3.3.2 Makefile 变量

为了进一步简化编辑和维护 Makefile，make 允许在 Makefile 中创建和使用变量。变量是在 Makefile 中定义的名字，用来代替一个文本字符串，该文本字符串称为变量的值。在具体要求下，这些值可以代替目标体、依赖文件、命令以及 Makefile 文件中其他部分。

变量的命名字可以包含字符、数字、下划线（可以是数字开头），但不应该含有 ":" "#" "=" 或是空字符（空格、回车等）。变量是大小写敏感的，"foo" "Foo" 和 "FOO" 是三个不同的变量名。传统的 Makefile 的变量名是全大写的命名方式，但推荐使用大小写搭配的变量名，如：MakeFlags。这样可以避免和系统的变量冲突而发生意外。

在 Makefile 中的变量定义有两种方式：一种是递归展开方式；另一种是简单方式。

递归展开方式定义的变量是在引用该变量时进行替换的，即如果该变量包含了对其他变量的引用，则在引用该变量时一次性将内嵌的变量全部展开。（简单扩展型变量的值在定义处展开，并且只展开一次。）

递归展开方式的定义格式为：VAR=var。

简单扩展方式的定义格式为：VAR:=var。

make 中变量均使用的格式为：$ (VAR)。

下面给出了上例中用变量替换修改后 Makefile。这里用 OBJ 代替 main.o、myfile1.o 和 myfile2.o，用 CC 代替 gcc。经过替换后的 Makefile 如下所示：

```
OBJ=main.o myfile1.o myfile2.o
CC=gcc
main: $(OBJ)
      $(CC)   $(OBJ)   -o main
main.o: main.c myfile1.h myfile2.h
      $(CC)  -c main.c-o main.o
myfile1.o:myfile1.c myfile1.h
      $(CC)  -c myfile1.c-o myfile1.o
myfile2.o:myfile2.c myfile2.h
      $(CC)  -c myfile2.c-o myfile2.o
clean:
            rm   -f   *.o
```

Makefile 中的变量分为用户自定义变量、预定义变量、自动变量及环境变量。如上例中的 OBJ 就是用户自定义变量，自定义变量的值由用户自行定义，而预定义变量和自动变量为通常在 Makefile 都会出现的变量，它们的一部分有默认值，也就是常见的设定值，当然用户可以对其进行修改。

预定义变量包含了常见的编译器、汇编器的名称及其编译选项。表 3-3-1 列出了常见预定义变量及其部分默认值。

表 3-3-1　Makefile 中常见的预定义变量

预定义变量	含义
AR	库文件维护程序的名称，默认值为 ar
AS	汇编程序的名称，默认值为 as
CC	C 编译器的名称，默认值为 cc
CPP	C 预编译器的名称，默认值为$(CC)-E
CXX	C++编译器的名称，默认值为 g++
FC	FORTRAN 编译器的名称，默认值为 f77

预定义变量	含义
RM	文件删除程序的名称，默认值为 rm－f
ARFLAGS	库文件维护程序的选项，无默认值
ASFLAGS	汇编程序的选项，无默认值
CFLAGS	C 编译器的选项，无默认值
CPPFLAGS	C 预编译的选项，无默认值
CXXFLAGS	C++编译器的选项，无默认值
FFLAGS	FORTRAN 编译器的选项，无默认值

可以看出，上例中的 CC 是预定义变量，其中由于 CC 没有采用默认值，因此，需要把"CC=gcc"明确列出来。

由于常见的 GCC 编译语句中通常包含了目标文件和依赖文件，而这些文件在 Makefile 文件中目标体所在行已经有所体现，因此，为了进一步简化 Makefile 的编写，就引入了自动变量。自动变量通常可以代替编译语句中出现的目标文件和依赖文件等。表 3-3-2 列出了 Makefile 中常见的自动变量。

表 3-3-2　Makefile 中常见的自动变量

自动变量	含　义
$*	不包含扩展名的目标文件名称
$+	所有的依赖文件，以空格分开，并以出现的先后为序，可能包含重复的依赖文件
$<	第一个依赖文件的名称
$?	所有时间戳比目标文件晚的依赖文件，并以空格分开
$@	目标文件的完整名称
$^	所有不重复的依赖文件，以空格分开
$%	如果目标是归档成员，则该变量表示目标的归档成员名称

对上例使用自动变量进行修改的 Makefile 如下所示：

```
OBJ=main.o myfile1.o myfile2.o
CC=gcc
main: $(OBJ)
        $(CC)  $^  -o $@
main.o: main.c myfile1.h myfile2.h
        $(CC)  -c $<  -o $@
myfile1.o:myfile1.c myfile1.h
        $(CC)  -c $<  -o $@
myfile2.o:myfile2.c myfile2.h
        $(CC)  -c $<  -o $@
clean:
            rm   -f   *.o
```

3.3.3 Makefile 规则

Makefile 规则是 Make 进行处理的依赖，它包括了目标体、依赖文件及其之间的命令语句。在上面的例子中，都显式地指出了 Makefile 中的规则关系，但为了简化 Makefile 的编写，Make 还定义了隐含规则和模式规则。

（1）隐含规则

隐含规则能够告诉 Make 怎样使用传统的规则完成任务，这样，当用户使用它们时就不必详细指定编译的具体细节，而只需要把目标文件列出即可。Make 会自动搜索隐含规则目录来确定如何生成目标文件。如上例就可以写成。

```
OBJ=main.o myfile1.o myfile2.o
CC=gcc
main: $(OBJ)
        $(CC)   $^   -o   $@
```

我们可以注意到，这个 Makefile 中并没有写下如何生成 main.o、myfile1.o 和 myfile2.o 这三个目标的规则和命令。因为 Make 的"隐含规则"功能会自动为我们去推导这两个目标的依赖目标和生成命令。因为 Make 的隐含规则指出：所有".o"文件都可自动由".c"文件使用命令"(CC)(CFLAGS) –c file.c–o file.o"来生成。在上面的那个例子中，Make 调用的隐含规则是把[.o]的目标的依赖文件置成[.c]，并使用 C 的编译命令"$(CC) $(CFLAGS) –c [.c]"来生成[.o]的目标。Make 和我们约定好了用 C 编译器"cc"生成[.o]文件的规则，这就是隐含规则。表 3-3-3 给出了常见的隐含规则目录。

表 3-3-3　Makefile 中常见的隐含规则目录

对应语言后缀名	隐式规则
C 编译器：.c 变为.o	$(CC) –c $(CPPFLAGS)$(CFLAGS)
C++编译器：.cc 或.C 变为.o	$(CXX) –c $(CPPFLAGS)$(CXXFLAGS)
Pascal 编译：.p 变为.o	$(PC) –c $(PFLAGS)
Fortran 编译：.r 变为.o	$(FC) –c $(FFLAGS)

（2）模式规则

模式规则是用来定义相同处理规则的多个文件的。模式规则能引入用户自定义变量，为多个文件建立相同的规则，从而简化 Makefile 的编写。

模式规则类似于普通规则。只是在模式规则中，目标名中需要包含有模式字符"%"，包含有模式字符"%"的目标被用来匹配一个文件名，"%"可以匹配任何非空字符串。规则的依赖文件中同样可以使用"%"，依赖文件中模式字符"%"的取值情况由目标中的"%"来决定。例如：对于模式规则"%.o :%.c"，它表示的含义是所有的.o 文件依赖于对应的.c 文件。上例中使用模式规则修改后的 Makefile 的如下：

```
OBJ=main.o myfile1.o myfile2.o
CC=gcc
main: $(OBJ)
```

```
        $(CC)    $(OBJ)  -o  $@
%.o:%.c
        $(CC)    $<  -o  $@
```

3.3.4　使用 autotools

我们知道，当项目较大的时候，编写 Makefile 不是一件轻松的事情，那么，有没有一种轻松的手段生成 Makefile 而同时又能让用户享受 make 的优越性呢？本节要讲的 autotools 正是为此而设的，它只需要用户输入简单的目标文件、依赖文件、文件目录等就可以轻松的生成 Makefile 了。

（1）Autotools 的安装

Autools 是系列工具，包括 aclocal、autoscan、autoconf、autoheader、automake。首先可以用 which 命令确定是否安装了系列工具。

```
root@ubuntu-virtual-machine:~# which autoconf
/usr/bin/autoconf
```

如果没有安装，可以使用如下命令安装：

```
root@ubuntu-virtual-machine:~#apt install autoconf automake libtool
```

（2）Autotools 的创建 Makefile 的流程
- 生成配置脚本 configure
  - ➤ #autoscan：生成 configure.scan→configure.ac
  - ➤ 修改、配置 cofigure.ac
  - ➤ #aclocal：生成 aclocal.m4，存放 autoconf 运行需要的宏
  - ➤ #autoconf：将 configure.ac→configure
- 生成 Makefile 的通用规则文件 Makefile.in
  - ➤ 手工编写 Makefile.am 文件
  - ➤ #automake：将 Makefile.am→Makefile.in
- 通过 configure 生成 makefile
  - ➤ #./configure:Makefile.in→makefile
  - ➤ #make;make install

接下来，本文将通过一个简单的 hello.c 的例子带大家熟悉 Autotools 生成 Makefile 的过程。

```
/*hello.c*/
#include<stdio.h>
int main()
{
    printf("hello,makefile!\n");
    return 0;
}
```

① 生成脚本 configure。

　　a．创建 autoscan。

该工具会创建一个文件"configure.scan"，该文件就是接下来 autoconf 要用到的 configure.ac 的原型，将 configuren.scan 更名为 configure.ac 如下所示：

```
root@ubuntu-virtual-machine:~/autotools# ls
 autoscan.log configure.scan hello.c
root@ubuntu-virtual-machine:~/autotools# mv configure.scan  configure.ac
 autoscan.log configure.ac hello.c
```

　　b．修改脚本配置文件 configure.ac，如下所示：

```
root@ubuntu-virtual-machine:~/autotools#vim configure.ac
```

将配置文件做如下修改：

```
# Process this file with autoconf to produce a configure script.
AC_PREREQ([2.69])
AC_INIT(hello,1.0)
AC_CONFIG_SRCDIR([hello.c])
AC_CONFIG_HEADERS([config.h])
AM_INIT_AUTOMAKE
# Checks for programs.
AC_PROG_CC
# Checks for libraries.
# Checks for header files.
# Checks for typedefs, structures, and compiler characteristics.
# Checks for library functions.
AC_OUTPUT（makefile）
```

　　● AC_INIT 宏用来定义软件的名称和版本信息，在这里省略了 BUG-REPORT-ADDRESS，一般为作者的 E-mail。

　　● AM_INIT_AUTOMAKE 是笔者另加的，它是 automake 所必备的宏，使 automake 自动生成 makefile.in。

　　c．运行 aclocal。

接下来，运行 aclocal，生成一个"aclocal.m4"文件，该文件主要处理本地的宏定义，如下所示：

```
root@ubuntu-virtual-machine:~/autotools#aclocal
root@ubuntu-virtual-machine:~/autotools# ls
aclocal.m4 autom4te.cache autoscan.log configure.ac  hello.c
```

　　d．运行 autoconf。

接着运行 autoconf，生成"configure"可执行文件。如下所示：

```
root@ubuntu-virtual-machine:~/autotools# autoconf
root@ubuntu-virtual-machine:~/autotools# ls
 aclocal.m4 autom4te.cache autoscan.log configure configure.ac
hello.c
```

e．运行 autoheader。

接着运行 autoheader 命令，它负责生成 config.h.in 文件。

```
root@ubuntu-virtual-machine:~/autotools# autoheader
root@ubuntu-virtual-machine:~/autotools# ls
aclocal.m4      autoscan.log  configure    hello.c
autom4te.cache  config.h.in   configure.ac
```

② 生成 Makefile 的通用规则文件 makefile.in。

a．创建脚本配置文件 makefile.am。

之后的 automake 工具转换成 makefile.in。

```
root@ubuntu-virtual-machine:~/autotools#vim makefile.am
```

输入如下内容：

```
AUTOMAKE_OPTIONS=foreign
bin_PROGRAMS=hello
hello_SOURCES=hello.c
```

● AUTOMAKE_OPTIONS 为设置 automake 的选项。GNU 对自己发布的软件有严格的规范，比如必须附带许可证声明文件 COPYING 等，否则 automake 执行时会报错。Automake 提供了 3 种软件等级：foreign、gnu 和 gnits 让用户采用，默认等级是 gnu。在本例中采用了 foreign 等级，它只检测必须的文件。

● bin_PROGRAMS 定义要产生的执行文件名。如果要产生多个执行文件，每个文件名用空格隔开。

● hello_SOURCES 定义 "hello" 这个执行程序所需要的原始文件。如果 "hello" 这个程序是由多个原始文件所产生的，则必须把它所用到的所有原始文件都列出来，并用空格隔开。

b．使用 automake。

接下来可以使用 automake 命令来生成 "configure.in" 文件，这里使用选项 "-a" 可以让 automake 自动添加一些必需的脚本文件。

```
root@ubuntu-virtual-machine:~/autotools# automake -a
root@ubuntu-virtual-machine:~/autotools# ls
aclocal.m4      compile      configure.ac  install-sh  missing
autom4te.cache  config.h.in  depcomp       makefile.am
autoscan.log    configure    hello.c       makefile.in
```

③ 生成 Makefile。

运行配置文件 configure，把 Makefile.in 变成了最终的 Makefile。

```
root@ubuntu-virtual-machine:~/autotools#./configure
root@ubuntu-virtual-machine:~/autotools# ls
aclocal.m4      config.h      configure    install-sh  missing
autom4te.cache  config.h.in   configure.ac makefile     stamp-h1
autoscan.log    config.log    depcomp      makefile.am  compile
config.status   hello.c       makefile.in
```

到此为止，Makefile 就可以自动生成了。回忆整个步骤，用户不再需要制定不同的规则，而只需要输入简单的文件及目录即可，这样就大大方便了用户的使用。

（3）使用 Autotools 所生成的 Makefile

执行 make 命令，就可以生成 hello 的可执行文件"hello"，运行"./hello"能出现正常结果。

```
root@ubuntu-virtual-machine:~/autotools#make
root@ubuntu-virtual-machine:~/autotools# ./hello
hello,world!
```

① Make install

此时，会把该程序安装到系统目录去。

```
root@ubuntu-virtual-machine:~/autotools# make install
root@ubuntu-virtual-machine:~/autotools#ls
clocal.m4        config.h      configure     hello.c     makefile.am
autom4te.cache   config.h.in   configure.ac  hello.o     makefile.in
autoscan.log     config.log    depcomp       install-sh  missing
compile          config.status hello         makefile    stamp-h1
root@ubuntu-virtual-machine:~/autotools#hello
hello, world!
```

② Make clean

此时，Make 会清除之前所编译的可执行文件及目标文件，如下所示：

```
root@ubuntu-virtual-machine:~/autotools# make clean
test -z "hello" || rm -f hello
rm -f *.o
root@ubuntu-virtual-machine:~/autotools# ls
aclocal.m4       config.h      configure     install-sh  missing
autom4te.cache   config.h.in   configure.ac  makefile    stamp-h1
autoscan.log     config.log    depcomp       makefile.am
compile          config.status hello.c       makefile.in
```

③ Make dist

此时，Make 将程序和相关的文档打包为一个压缩文档以供发布，如下所示：

```
root@ubuntu-virtual-machine:~/autotools# make dist
root@ubuntu-virtual-machine:~/autotools# ls
aclocal.m4       config.h      configure      hello.c          makefile.in
autom4te.cache   config.h.in   configure.ac   install-sh       missing
autoscan.log     config.log    depcomp        makefile         stamp-h1
compile          config.status hello-1.0.tar.gz makefile.am
```

知识梳理

1. Vim 有三种模式，分别为一般模式、插入模式及命令行模式。

2. 在一般模式下，只要按<i><a>或<o>字符，就可以进入编辑模式。按【Esc】键，回到一般模式。在一般模式下输入<:>进入底行模式，输入 wq 命令，然后按下【Enter】键，存储后离开 Vim。

3. 对于 GCC 编译器来说，程序的编译要经历预处理、编译、汇编和链接 4 个阶段。

4. Makefile 的规则中包含如下内容：

● 需要由 Make 工具创建的目标体（target），通常是目标文件或可执行文件；

● 要创建的目标体所依赖的文件（dependency_file）；

● 创建每个目标体时需要运行的命令（command），这一行必须以制表符（Tab 键）开头。

🖊 知识巩固

1. 单项选择题

（1）在 Vi 编辑器里，命令 "dd" 用来删除当前的（　　　）。

　　A. 行　　　　　　B. 变量　　　　　　C. 字　　　　　　　　　　D. 字符

（2）采用 GSS 对 C 源程序进行编译链接时，若仅进行预编译/预处理，需使用参数（　　　）。

　　A. -v　　　　　　B. -c　　　　　　C. -S　　　　　　　　D. -E

（3）采用 GSS 对 C 源程序进行编译链接时，若要显示版本号，需使用参数（　　　）。

　　A. -E　　　　　　B. -c　　　　　　C. -S　　　　　　　　D. -v

（4）采用 GSS 对 C 源程序进行编译链接时，若仅编译不链接，需使用参数（　　　）。

　　A. -v　　　　　　B. -E　　　　　　C. -S　　　　　　　　D. -c

（5）采用 GSS 对 C 源程序进行编译链接时，生成汇编语言后停止编译，需使用参数（　　　）。

　　A. -c　　　　　　B. -v　　　　　　C. -E　　　　　　　　D. -S

（6）采用 GSS 对 C 源程序进行编译链接时，若进行优化编译、链接，需使用参数（　　　）。

　　A. -w　　　　　　B. -l　　　　　　C. -g　　　　　　　　D. -O

（7）采用 GSS 对 C 源程序进行编译链接时，若要指定库文件，需使用参数（　　　）。

　　A. -g　　　　　　B. -w　　　　　　C. -O　　　　　　　　D. -l

（8）采用 GSS 对 C 源程序进行编译链接时，若要产生调试信息，需使用参数（　　　）。

　　A. -O　　　　　　B. -l　　　　　　C. -w　　　　　　　　D. -g

（9）采用 GSS 对 C 源程序进行编译链接时，若要禁止警告信息，需使用参数（　　　）。

　　A. -g　　　　　　B. -l　　　　　　C. -O　　　　　　　　D. -w

（10）若文件名的后缀为.i，根据 GSS 约定规则，该文件为（　　　）。

　　A. C 源程序　　　　　　　　　　B. 档案库文件

　　C. 汇编语言源代码文件　　　　　D. 预处理后的源文件

（11）默认情况下，GSS 将文件名后缀为.c 的文件作为（　　　）。

　　A. 档案库文件　　　　　　　　　B. 汇编语言源代码文件

　　C. 预处理后的源文件　　　　　　D. C 源程序

（12）若文件名的后缀为.a，根据 GSS 约定规则，该文件为（　　　）。

　　A. 汇编语言源代码文件　　　　　B. 预处理后的源文件

  C.　C 源程序　　　　　　　　　　　　D.　档案库文件

（13）默认情况下，GSS 将文件名后缀为.s 的文件作为（　　　　）。

  A.　预处理后的源文件　　　　　　　B.　C 源程序

  C.　档案库文件　　　　　　　　　　D.　汇编语言源代码文件

（14）若文件名的后缀为.S，根据 GSS 约定规则，该文件为（　　　　）。

  A.　目标文件　　　　　　　　　　　B.　C 头文件

  C.　Objective-C 源代码文件　　　　D.　经过预编译的汇编语言源代码文件

（15）默认情况下，GSS 将文件名后缀为.o 的文件作为（　　　　）。

  A.　C 头文件

  B.　Objective-C 源代码文件

  C.　经过预编译的汇编语言源代码文件

  D.　目标文件

（16）若文件名的后缀为.h，根据 GSS 约定规则，该文件为（　　　　）。

  A.　Objective-C 源代码文件　　　　B.　经过预编译的汇编语言源代码文件

  C.　目标文件　　　　　　　　　　　D.　C 头文件

（17）默认情况下，GSS 将文件名后缀为.m 的文件作为（　　　　）。

  A.　经过预编译的汇编语言源代码文件

  B.　目标文件

  C.　C 头文件

  D.　Objective-C 源代码文件

（18）.vim 退出不保存的命令是（　　　　）。

  A.　:q　　　　　　B.　q　　　　　　C.　:wq　　　　　　　　D.　:q!

（19）vim 编辑器中不包含（　　　　）模式。

  A.　编辑模式　B.　命令行模式　　C.　插入模式　　　　　D.　底行模式

（20）使用 Vi 编辑器环境时，使用：set nu 显示行号，使用下面（　　　　）命令取消行号显示。

  A.　:set nuoff　　　　　　　　　　B.　:set nonu

  C.　:off nu　　　　　　　　　　　　D.　:cls nu

（21）GCC 的正确编译流程为（　　　　）。

  A.　预处理-编译-汇编-链接　　　　B.　预处理-编译-链接-汇编

  C.　预处理-链接-编译-汇编　　　　D.　编译-预处理-汇编-链接

2.　操作题

（1）Vim 操作

① 请在/tmp 这个目录下建立一个名为 vitest 的目录；

② 进入 vitest 这个目录当中；

③ 将/etc/man.config 复制到本目录下；

④ 使用 vi 开启本目录下的 man.config 这个档案；

⑤ 在 vi 中设定一下行号；

⑥ 移动到第 58 行，向右移动 40 个字符，看到的双引号内是什么目录？

⑦ 移动到第一行，并且向下搜寻一下"bzip2"这个字符串，请问它在第几行？

⑧ 我要复制 65 到 73 这九行的内容（含有 MANPATH_MAP），并且粘贴到最后一行之后；

⑨ 21 到 42 行之间的开头为 # 符号的批注数据如何删除？

⑩ 将这个档案另存成一个 man.test.config 的文档名。

在第一行新增一行，该行内容输入 "I am a student..."；

（2）包含多文件的 makefile 编写

① 用 vi 在同一目录下编辑两个简单的 hello 程序，如下所示：

```
#hello.c
#include "hello.h"
int main()
{
        printf("hello everyone!\n");
}
# hello.h
# include<stdio.h>
```

② 仍在同一目录下用 vi 编辑 makefile，且不使用变量替换，用一个目标体实现（即直接将 hello.c 和 hello.h 编译成 hello 目标体）。然后用 make 验证所编写的 makefile 是否正确。

③ 将上述 makefile 使用变量替换实现。同样用 make 验证所编写的 makefile 是否正确。

④ 编辑另一个 makefile，取名为 makefile1，不使用变量替换，但用两个目标体实现（也就是首先将 hello.c 和 hello.h 编译为 hello.o，再 hello.o 编译为 hello），再用 make 的 "-f" 选项验证这个 makefile1 的正确性。

⑤ 将上述 makefile1 使用变量替换实现。

3. 简答题

（1）请写出 GSS 将 C 语言源代码生成可执行文件所经历的步骤。

（2）请写出编写 Makefile 时的规则。

（3）Vim 有哪几种工作模式？各模式之间如何转换？

项目 4

S5PV210 微处理器与接口技术

知识能力与目标

■■■ 了解 S5PV210 的基本性能；

■■■ 掌握 GPIO 的应用；

■■■ 掌握串口的使用；

■■■ 掌握中断应用；

■■■ 掌握 PWM 定时器的应用。

S5PV210 又名"蜂鸟"（Hummingbird），是韩国三星公司推出的一款适合于智能手机和平板电脑等多媒体设备的应用处理器。S5PV210 采用了 ARM Cortex-A8 内核，ARM v7 指令集，主频可达 1GHz，64/32 位内部总线结构，32/32KB 的数据/指令一级缓存，512KB 的二级缓存，可以实现 2000DMIPS（每秒运算 2 亿条指令集）的高性能运算能力。该处理器同时也提供了丰富的外围设备（简称"外设"），以应用于各种嵌入式系统设计之中。

任务 4.1　认识 S5PV210 处理器

4.1.1　S5PV210 处理器简介

S5PV210 是一款高效率、高性能、低功耗的 32 位 RISC 处理器，它集成了 ARM Cortex-A8 核心，实现了 ARM 架构 v7 并且支持众多外围设备。

S5PV210 芯片采用 64 位内部总线结构，为 3G 和 3.5G 的移动通信业务提供了最优化的硬件支持，还提供了许多强大的硬件加速器，例如运动视频处理、显示控制及缩放等。

S5PV210 内部集成了多种视频格式处理器，可对 MPEG-1/2/4、H.263 和 H.264 等格式的视频文件进行编解码。同时，S5PV210 内部的硬件加速器可实现视频会议和模拟电视输出，它的高清晰度的多媒体接口还提供了电视信号的 NTSC(Nastional Television Standards Committee，美国国家电视标准委员会）和 PAL（Phase Alteration Line，逐行倒相）模式输出。

S5PV210 具有多种外部存储器接口，包括 DRAM 控制器，支持 LPDDR1(Low Power Double Data Rate）、SDRAM（Synchronous Dynamic Randow Access Memory）、DDR2（Double Data Rate SDRAM）或 LPDDR2 的存储器扩展。S5PV210 的 FLASH/ROM 接口支持 NAND 闪存、NOR 闪存、OneNAND 闪存、SRAM 和 ROM 类型的外部存储器。

为了降低系统的总成本并且提高整体功能，S5PV210 微处理器内部集成了众多外设，如 TFT 真彩 LCD 控制器、摄像头接口、MIPIDSI 显示串行接口、电源管理、ATA 接口、4 个通用异步收发器、24 通道的 DMA、4 个定时器、通用 I/O 口、3 个 I2S、I2C 接口、两个 HS-SPI、USB Host2.0、高速运行的 USB2.0 OTG、4 个 SD Host 和高速多媒体接口等。

图 4-1-1 所示为 S5PV210 处理器的结构框图。由图 4-1-1 可以看出，S5PV210 处理器主要由 6 大部分组成，分别是 CPU 核心、系统外设、多媒体、电源管理、存储器接口和连接模块。CPU 和各个部分之间通过多层次 AHB/AXI 总线进行通信。

（1）CPU 内核

① Cortex-A8 处理器　ARM Cortex-A8 处理器是第一款基于 ARMv7 体系结构的应用处理器，其时钟频率为 800MHz~1GHz，具有分开的 32KB 数据 Cache 和指令 Cache。Cortex-A8 不但可以满足功率要求 300mW 以下的移动设备的低功耗要求，也能满足高端消费电子产品的高性能要求。

② NEON　Cortex-A8 处理器内部集成的可以实现复杂算法的模块，比如图像的智能分析、数学上的运算等可以通过 NEON 来实现。

③ 32KB I/O 缓存、512KB L2Cache　CPU 缓存（Cache Memory）是位于 CPU 与内存之间的临时存储器，它的容量比内存小，但交换速度快。在缓存中的数据是内存中的一小部分，

但这一小部分是短时间内 CPU 即将访问的，当 CPU 调用大量数据时，就可避开内存直接从缓存中调用，从而加快读取速度。L2Cache，即 CPU 的二级缓存。二级缓存是 CPU 性能表现的关键之一，在 CPU 核心不变化的情况下，增加二级缓存容量能使性能大幅度提高。

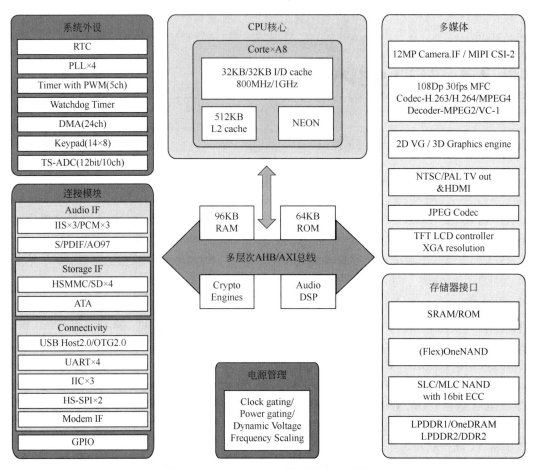

图 4-1-1　S5PV210 处理器结构框图

（2）系统外设

① RTC 实时时钟　提供完整的时钟功能：秒、分、小时、日、月、年。使用 32.767kHz 时钟基准。提供报警中断。提供定时器时钟节拍中断。

② PLL 锁相环　芯片具有 4 个锁相环（PLL），分别为 APLL/MPLL/EPLL/VPLL。APLL 产生 ARM 核心和 MSYS 时钟。EPLL 生成特殊的时钟。VPLL 为视频接口生成时钟。

③ 具有 PWM 功能的定时器　具有 4 通道 32 位内部定时器，3 通道带 PWM 功能以及可编程工作周期、频率和极性。具有死区产生功能。支持外部时钟源。

④ 看门狗定时器 WDT　看门狗定时器是 S5PV210 中的一个定时设备，它可以使系统在出现故障后进行复位操作。内部是一个 16 位的定时器。

⑤ DMA（Direct Memory Access，直接内存存取）　具有特定的指令集提供 DMA 传输的灵活性。内置增强型 8 通道的 DMA。内存到内存转换 DMA 多达 16 组，外设到内存转换 DMA 支持多达 8 组。

⑥ Keypad（矩阵键盘）　内置 14×8 矩阵键盘接口，并提供内部消抖功能。

⑦ ADC 转换器　内置 10 通道多路复用 ADC，最大采样率为 500KSPS，分辨率为 12 位。

（3）多媒体

① Camera Inerface（摄像头接口）　支持多输入模式，包括 ITU-R BT601/656 模式、DMA 模式和 MIPI 模式；支持图像镜像和旋转功能；支持生成各种图像格式；支持捕捉画面管理；支持图像效果。

② MFC（Multi-Format Video Codec，多格式视频编解码器）　在视频解码方面，S5PV210 可以对 ITU-TH.264、ISO/IEC 14496-10 视频文件进行解码，提供了三种画质级别，分别为 Baseline Profile（基本画质）、Main Profile（主流画质）、High Profile Level4.0（高级画质）。视频解码器还提供了 Arbitrary Slice ordering（任意片次序）和 Redundant Slice（冗余片）功能，不支持 Flexible Macro-Block Ordering（灵活宏块次序）功能。

在视频编码方面，视频解码器可以提供 ITU-TH.263 Profile Level3、MPEG-4、MPEG-2 和 SMPTE 421M VC-1 格式的视频编码。

③ JPEG Codec（JPEG 编码器）　支持压缩/解压到 65536×65536 分辨率。支持的压缩格式即输入原始图像为 YCbCr422 或 RGB565，输出 JPEG 文件为基线 JPEG 格式的 YCbCr422 或 YCbCr420。支持的解压缩格式即输入 JPEG 文件基线 YCbCr444 或 YCbCr420 或 YCbCr422 格式、JPEG 或灰色，输出原始图像的 YCbCr422 或 YCbCr420 格式。支持通用的色彩空间转换器。

④ Graphic Engine（图形引擎）　支持 3D 图形、矢量图形、视频编码和解码。具有通用可扩展渲染引擎、多线程引擎和顶点着色器功能。支持 8000×8000 的图像分辨率。支持 90/180/270 度旋转。支持 16/24/35bpp，24 位颜色格式。

⑤ Analog TV Interface（模拟电视接口）　输出视频格式为 NTSC/PAL。支持的输入格式为 ITU-R BT.601 的 YCbCr444。支持 480i/p 和 576i 协议。支持复合视频。

⑥ LCD（Liquid Crystal Display，液晶显示器）接口　支持 24/18/16bpp 的并行 RGB 接口的 LCD。支持 8/6bpp 串行 RGB 接口。支持双 i80 接口的 LCD。支持典型的屏幕尺寸。虚拟图像达到 16M 像素。支持 ITU-BT601/656A 格式输出。

（4）电源管理

S5PV210 的电源管理具有以下功能：

① 时钟门控功能；

② 各种低功耗模式可供选择，如空闲、停止、深度空闲和睡眠模式；

③ 睡眠模式下唤醒源可以是外部中断、RTC 报警、计时器节拍；

④ 停止和深度空闲模式唤醒源可以是触摸屏人机界面、系统定时器等。

（5）存储器接口

① SRAM/ROM/NOR 接口　8 位或 16 位的数据总线；地址范围支持 23 位；支持异步接口；支持字节和半字访问。

② OneNAND 闪存接口　16 位数据总线；16 位地址总线；支持字节和半字节访问。Flex OneNAND 闪存支持 2KB 页面模式，OneNAND 闪存支持 4KB 页面模式，具有 OneNAND 专用 DMA。

③ NAND 接口　支持标准的 NAND 接口，具有 8 位的数据总线。

④ LPDDR1 接口　32 位数据总线，接口电压 1.8V，DMC0 端口支持 512MB、DMC1 端口支持 1GB 的存储芯片。

⑤ DDR2 接口　DDR2 接口为 32 位数据总线，每一个数据引脚的传输速率为 400Mbps，1.8V 接口电压。

⑥ LPDDR2 接口　32 位数据总线，每个引脚 400Mbps 的传输速率，1.2V 接口电压。

（6）连接模块

① 音频接口

a. AC97 音频接口

- 独立通道的立体声 PCM 输入，立体声 PCM 输入和单声道麦克风输入；
- 16 位立体声音频；
- 可变采样率 AC97 编解码器接口；
- 支持 AC97 规格。

b. PCM 音频接口

- 16 位单声道音频接口；
- 仅工作在主控模式；
- 支持三种 PCM 端口。

c. I2S 总线接口

- 基于 DMA 操作的三个 I2S 总线音频编解码接口；
- 串行 8 位、16 位、24 位每通道的数据传输；
- 支持 I2S、MSB、LSB 对齐的数据格式；
- 支持 PCM5.1 声道；
- 支持不同比特时钟频率和编码器的时钟频率；
- 支持一个 5.1 通道 I2S 的端口和两个 2 通道 I2S 端口。

d. SPDIF 接口

- 线性 PCM 每个样本支持多达 24 位；
- 支持非线性 PCM 格式如 AC3、MPEG1、MPEG2；
- 2×24 位缓冲器交替用数据填充。

② 储存端口

HS-MMC/SDIO 接口：

- 兼容 4.0 多媒体卡协议版本（HS-MMC）；
- 兼容 2.0 版本 SD 卡储存卡协议；
- 基于 128KB FIFO 的 TX/RX；
- 4 个 HS-MMC 端口或 4 个 SDIO 端口；
- ATA 控制器支持 ATA/ATAPI-6 接口。

③ 通用接口

a. USB2.0 OTG

- 符合 USB2.0 OTG1.0a 版本；
- 支持高达 480Mbps 的传输速度；
- 具有 USB 芯片收发器。

b. UART
- 具有基于 DMA 和中断功能的 4 个 UART;
- 支持 5 位、6 位、7 位、8 位的串行数据发送和接收;
- 独立的 256 字节 FIFO 的 UART0, 64 字节 FIFO 的 UART1 和 16 字节 FIFO 的 UART2/3;
- 可编程的传输速率;
- 支持 IrDA 1.0 SIR 模式;
- 支持回环模式测试。

c. I2C 接口
- 三个多主控 I2C 总线;
- 8 位串行面向比特的双向数据传输,在标准模式下可以达到 100Kbps;
- 快速模式下高达 400Kbps。

d. SPI 接口
- 3 个符合 2.11 版本串行外设接口协议的接口;
- 独立的 64KB 字节 FIFO 的 SPI0 和 16 字节 FIFO 的 SPI1;
- 支持基于 DMA 和中断操作。

e. GPIO 接口
- 237 个多功能输入/输出接口;
- 支持 178 个外端中断。

4.1.2　S5PV210 存储系统

S5PV210 具有 32 根地址线,其寻址空间为 4GB,其存储空间地址的分配如图 4-1-2 所示。

① 开始 512M 是芯片启动的映射空间。

② 接下来是 512M 的 DRAM0 通道和 1GB 的 DRAM1 通道,这是存储器的地址映射空间,用于 DDR2 RAM 存储器寻址,总的内存寻址空间为 1.5GB。

③ 接着后面是 6 个 128M 的 SROM 区域(Bank0~Bank5)的外设访问空间,用于外围设备寻址。

④ 往后是 256M 的 Nand 和 OneNand 控制器存储器的寻址空间。

⑤ 之后是 256M 的 MP3_SRAM 输出缓存区。

⑥ 后面的地址以 64KB IROM 和 96KB 片内 IRAM 作为内部存储器,一般是启动时用到的。

⑦ 再后面是 128M 的 DMZ(隔离区)ROM。

⑧ 最后的 512M 就是 SFR(特殊功能寄存器)地址空间,用于 S5PV210 的内部寄存器寻址。地址空间具体分配如表 4-1-1 所示。

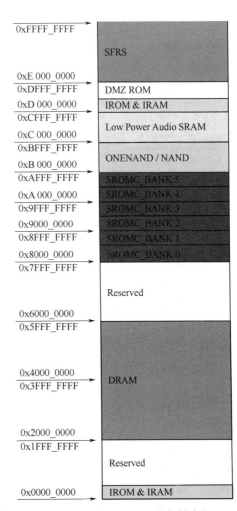

图 4-1-2　S5PV210 存储空间

表 4-1-1　S5PV210 存储空间分配

地址		空间大小	描述
0x0000_0000	0x1FFF_FFFF	512MB	Boot area
0x2000_0000	0x3FFF_FFFF	512MB	DRAM 0
0x4000_0000	0x5FFF_FFFF	1GB	DRAM 1
0x8000_0000	0x87FF_FFFF	128MB	SROM Band 0
0x8800_0000	0x8FFF_FFFF	128MB	SROM Band 1
0x9000_0000	0x97FF_FFFF	128MB	SROM Band 2
0x9800_0000	0x9FFF_FFFF	128MB	SROM Band 3
0xA000_0000	0xA7FF_FFFF	128MB	SROM Band 4
0xA800_0000	0xAFFF_FFFF	128MB	SROM Band 5
0xB000_0000	0xBFFF_FFFF	256MB	OneNAND/NAND controller and SFR
0xC000_0000	0xCFFF_FFFF	256MB	MP3_SRAM output buffer
0xD000_0000	0xD000_FFFF	64KB	IROM
0xD001_0000	0xD001_FFFF	64KB	Reserved
0xD002_0000	0xD003_7FFF	96KB	IRAM
0xD800_0000	0xDFFF_FFFF	128MB	DMZ ROM
0xE000_0000	0xFFFF_FFFF	512MB	SFR region

4.1.3　S5PV210 启动流程

　　S5PV210 的内部有 64KB 的 IROM 和 96KB 的 IRAM。S5PV210 出厂时，在内置的 IROM 中预先内置烧录了一些代码，称为 IROM 代码，启动时首先在内部执行 IROM 代码。

　　使用 IROM 启动的好处是降低了系统成本。IROM 支持 S5PV210 从多种外部设备启动，包括 eSSD、NAND、OneNAND、NOR FLASH、SD MMC 卡、UART/USB 设备。这种可选的多设备的启动方式，可以让系统省下一块专门用作启动的 ROM 芯片，例如 NOR FLASH。IROM 还支持各种校验类型的 NAND FLASH，可以在不使用编程器的情况下使用一种外部存储器（如 SD 卡）运行程序，给另一种外部存储器（比如 Nand FLASH）编程烧录。这样芯片生产时就不必额外购买专用编程器，降低了系统的量产成本。

　　S5PV210 的启动过程如图 4-1-3 所示，包括 BL0、BL1 和 BL2（BL 为 Bootloader 的简称）三部分代码。

　　BL0 的主要工作是关闭看门狗、初始化 cache、设置堆栈指针以及根据预先选择的外部设备进行启动。BL0 先将 BL1 的 16K 部分代码拷贝到 IRAM 中，然后在 IRAM 中执行 BL1 代码。BL1 的主要工作是初始化开发板，加载 BL2 的代码到 IRAM 中。BL2 主要负责 SDRAM 的初始化，将操作系统内核拷贝到 SDRAM 中，然后引导操作系统内核。

　　S5PV210 具体启动流程如下。

　　（1）BL0 系统上电后，首先执行 BL0 部分代码。BL0 就是在出厂时被固化到 IROM 中的代码，该段代码主要完成以下工作：

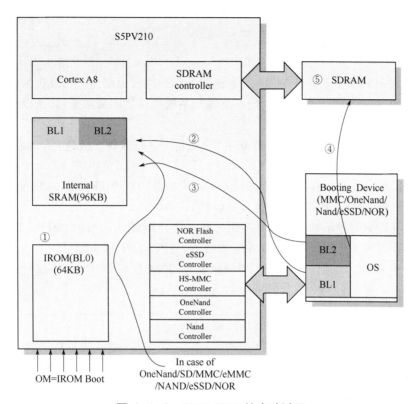

图 4-1-3　S5PV210 的启动过程

① 关闭看门狗定时器；

② 初始化指令 cache；

③ 初始化栈、堆；

④ 初始化块设备拷贝函数；

⑤ 初始化 PLL 及设置系统时钟；

⑥ 根据 OM 引脚设置，从相应启动介质复制 BL1 到片内 SRAM 的 0xD002_0000 地址处（其中 0xD002_0010 之前的 16 个字节存储的是 BL1 的校验信息和 BL1 的大小），并检查 BL1 的 checksum 信息，如果检查失败，IROM 将自动尝试第二次启动（从 SD/MMC channel 2 启动）；

⑦ 检查是否是安全模式启动，如果是则验证 BL1 完整性；

⑧ 跳转到 BL1 起始地址处。

（2）BL1　BL1 的大小只有 16KB，因而一般情况下 BL1 负责完成的工作较少。BL1 被执行后首先初始化系统时钟、内存、串口等，然后将 BL2 代码复制到 Internal SRAM 的 BL2 区中并跳转执行。

（3）BL2　SRAM 的 BL2 区大小有 80KB，但很多情况下 BL2 代码的大小远远超过 80KB，所以将 BL2 代码拷贝到 SRAM 中意义不大。在实际应用中，会修改 BL1 的代码，使之将 BL2 代码直接拷贝到容量更大的 SDRAM 中，不过拷贝之前一定要先初始化好系统时钟和内存。

BL2 实际上是整个 Bootloader 的主体部分，因此它需要完成更多的初始化工作，例如初始化网卡、FLASH 等，之后 BL2 读取操作系统镜像到内存运行。操作系统镜像的存放位置根据具体的开发平台而定，一般放到 FLASH 上，也可以放到 SD 卡上。

4.1.4　S5PV210 的时钟系统

CPU 的系统时钟源主要是外部晶振，内部其他部分的时钟都是外部时钟源经过一定的分频或倍频得到的。外部时钟源的频率一般不能满足系统所需要的高频条件，所以往往需要 PLL（锁相环）先进行倍频处理。

S5PV210 中包含三大类时钟（Domain）：分别是主系统时钟（MSYS）、显示相关的时钟（DSYS）、外围设备的时钟（PSYS）。

- MSYS：用来给 Cortex-A8 处理器、DRAM 控制器、3D、内部存储器（IRAM 和 IROM）、芯片配置界面（SPERI）、中断控制器等提供时钟。
- DSYS：用来给显示相关的部件提供时钟，包括 FIMC、FIMD、JPEG、IPS 多媒体等。
- PSYS：用来给外围设备提供时钟，如 I2S、SPI、I2C、UART 等。

每一种总线系统分别提供 200MHz、166MHz、133MHz 时钟，两个不同时钟域通过异步总线桥（BRG）连接。S5PV210 时钟域图如图 4-1-4 所示。

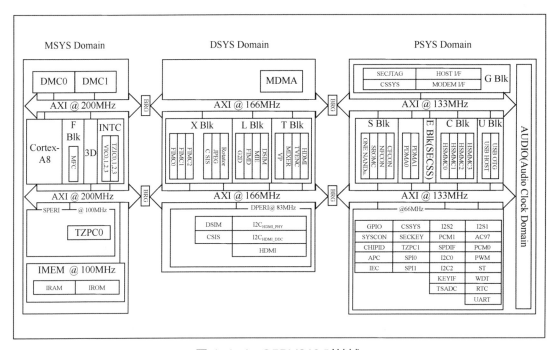

图 4-1-4　S5PV210 时钟域

4.1.5　Mini210S 开发板介绍

Mini210S 是一款高性能的 Cortext-A8 开发板，它由广州友善之臂设计、生产和发行销售。它采用三星 S5PV210 作为主处理器，运行主频可高达 1GHz。S5PV210 内部集成了 PowerVRSGX540 高性能图形引擎，支持 3D 图形流畅运行，并可流畅播放 1080P 大尺寸视频。Mini210S 接口布局如图 4-1-5 所示。

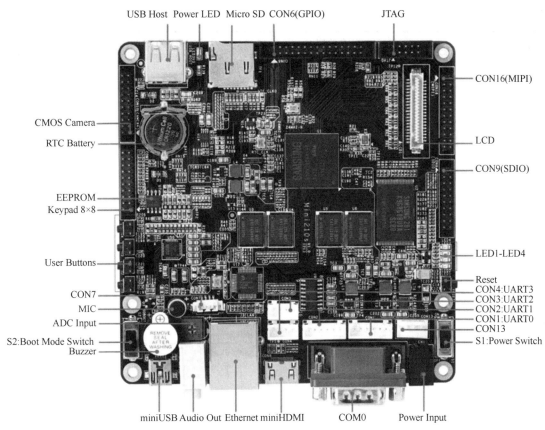

图 4-1-5　Mini210S 开发板

Mini 210S 开发板硬件资源特性如表 4-1-2 所示。

表 4-1-2　Mini210S 开发板硬件资源特性

CPU 处理器	• Samsung S3PV210，基于 CortexTM-A8，运行主频 1GHz • 内置 PowerVR SGX540 高性能图形引擎 • 支持流畅的 2D/3D 图形加速 • 最高可支持 1080p@30fps 硬件解码视频流畅播放，格式可为 MPEG4、H.263、H.264 等 • 最高可支持 1080p@30fps 硬件编码（Mpeg-2/VC1）视频输入
DDR2 RAM 内存	• Size：512MB • 32bit 数据总线，单通道
FLASH 存储	• SLC NAND Flash: 1GB
LCD 显示	• 41Pin, 1.0mm 间距，兼容 Mini2440/Mini6410 LCD 显示屏，支持一线触摸，含 1 路 I2C 和 3 路中断，1 路 PWM 输出 • miniHDMI 高清接口（Type C） • LCD 可支持从 3.5 寸到 12.1 寸，屏幕分辨率可以达到 1024×768 像素

续表

网络（含无线）	● 1 个 10/100M 自适应以太网 RJ45 接口（采用 DM9000AEP）
标准接口资源	● 1 个 DB9 式 RS232 五线串口（另有 4 个 TTL 电平串口） ● 1 个 mini USB Slave-OTG 2.0 接口，另可通过 2.0mm 接口座引出 ● 1 路 3.5mm 立体声音频输出接口，1 路在板麦克风输入，1 路外接喇叭接口座（可直接驱动 8 Ω 1W 喇叭） ● 1 个标准 TF 卡座 ● 5V 直流电压输入：接口座型号为 DC-23B
在板即用资源	● 1 个 I2C-EEPROM 芯片（256byte），主要用于测试 I2C 总线 ● 4 个用户 LED ● 4 个侧立按键（中断式资源引脚） ● 1 个可调电阻，用于 ADC 转换测试 ● 1 个 PWM 控制蜂鸣器 ● 板载实时时钟备份电池
外扩接口资源	● 4 个串口座 ● 1 个 JTAG 接口 ● 1 个 LCD 接口 ● 1 个 SDIO 接口 ● 1 个 CMOS 摄像头接口 ● 1 个矩阵键盘接口 ● 1 个 GPIO 接口

任务 4.2　GPIO 的应用

4.2.1　GPIO 概述

GPIO（General-Purpose Input/Output Ports）全称是通用编程 I/O 端口。它们是 CPU 的引脚，可以通过它们向外输出高低电平，或者读入引脚的状态，这里的状态也是通过高电平或低电平来反映的，所以 GPIO 接口技术可以说是 CPU 众多接口技术中最为简单、常用的一种。

每一个 GPIO 端口至少需要两个寄存器，一个是用于控制的"通用 I/O 端口控制寄存器"，一个是存放数据的"通用 I/O 端口数据寄存器"。控制和数据寄存器的每一位和 GPIO 的硬件引脚相对应，由控制寄存器设置每一个引脚的数据流向，数据寄存器设置引脚输出的高低电平或读取引脚上的电平。除了这两个寄存器以外，还有其他相关寄存器，比如上拉/下拉寄存器，它用来设置 GPIO 输出模式是高阻、带上拉电平输出还是不带上拉电平输出等。

S5PV210 共有 237 个 GPIO 端口，分成 15 组：

① GPA0：8 输入/输出引脚。

② GPA1：4 输入/输出引脚。

③ GPB：8 输入/输出引脚。

④ GPC0：5 输入/输出引脚。

⑤ GPC1：5 输入/输出引脚。

⑥ GPD0：4 输入/输出引脚。

⑦ GPD1：6 输入/输出引脚。

⑧ GPE0、GPE1：13 输入/输出引脚。

⑨ GPF0、GPF1、GPF2、GPF3：30 输入/输出引脚。

⑩ GPG0、GPG1、GPG2、GPG3：28 输入/输出引脚。

⑪ GPH0、GPH1、GPH2、GPH3：32 输入/输出引脚。

⑫ GPP1：低功率 I^2S、PCM。

⑬ GPJ0、GPJ1、GPJ2、GPJ3、GPJ4：35 输入/输出引脚。

⑭ MPO_1、MPO_2、MPO_3：20 输入/输出引脚。

⑮ MPO_4、MPO_5、MPO_6、MPO_7：32 输入/输出引脚。

GPIO 的 15 组引脚除了作为输入、输出引脚外，一般都还有其他功能，称为引脚复用。具体要使用引脚的哪个功能，需要通过相关的控制寄存器来设置。

4.2.2　GPIO 寄存器

每组 GPIO 端口都有两类控制寄存器分别工作在正常模式和掉电模式（STOP、DEEP-STOP、睡眠模式）。

S5PV210 处理器在正常模式下工作时，正常寄存器如 GPA0 控制寄存器 GPA0CON、数据寄存器 GPA0DAT、上拉/下拉寄存器 GPA0PUD、驱动能力控制寄存器 GPA0DRV 工作。

进入掉电模式时，所有配置和上拉/下拉控制由掉电寄存器，如 GPA0 的掉电模式配置寄存器 GPA0CONPDN、上拉/下拉寄存器 GPA0PUDPDN 控制。

下面简要介绍 GPIO 主要的寄存器。

（1）GPIO 控制寄存器 GPxnCON

用于控制 GPIO 的引脚功能，向该寄存器写入数据来设置相应引脚是输入/输出，还是其他功能。该寄存器中每 4 位控制一个引脚，写入 0000 设置为输入口，从引脚上读入外部输入的数据；写入 0001 设置为输出口，向该位写入的数据被发送到对应的引脚上；写入其他值可设置引脚的第二功能，具体功能可查阅 S5PV210 处理器的芯片手册。GPxnCON 寄存器功能如表 4-2-1 所示。

表 4-2-1　GPxnCON 寄存器

GPJ0CON	位	描述	初始状态
GPJ0CON[2]	[11：8]	0000=Input 0001=Output 0010=MSM_ADDR[2] 0011=CAM_B_DATA[2] 0100=CF_ADDR[2] 0101=TS_CLK 0110～1110=Reserved 111=GPJ0_INT[1]	0000

续表

GPJ0CON	位	描述	初始状态
GPJ0CON[1]	[7: 4]	0000=Input 0001=Output 0010=MSM_ADDR[1] 0011=CAM_B_DATA[1] 0100=CF_ADDR[1] 0101=MIPI_BYTE_CLK 0110～1110=Reserved 111=GPJ0_INT[1]	0000
GPJ0CON[0]	[3: 0]	0000=Input 0001=Output 0010=MSM_ADDR[0] 0011=CAM_B_DATA[0] 0100=CF_ADDR[0] 0101=MIPI_BYTE_CLK 0110～1110=Reserved 111=GPJ0_INT[0]	0000

（2）GPIO 数据寄存器 GPxnDAT

用于读/写引脚的状态，即该端口的数据。当引脚被设置为输出引脚，写该寄存器的对应位为 1，设置该引脚输出高电平，写入 0 设置该引脚输出低电平；当引脚被设置为输入引脚，读取该寄存器对应位中的数据可得到端口电平状态。GPxDAT 寄存器功能如表 4-2-2 所示。

表 4-2-2　GPxDAT 寄存器

GPJ0DAT	位	描述	初始状态
GPJ0DAT[7:0]	[7: 0]	当端口设置为输入，寄存器中位的状态对应引脚的状态，当端口设置为输出，引脚的状态对应于寄存器中位的状态	0x00

（3）GPIO 上拉/下拉寄存器 GPxnPUD

用于控制每个端口上拉/下拉电阻的使能/禁止。对应位为 0 时，该引脚使用上拉/下拉电阻；对应位为 1 时，该引脚不使用上拉/下拉电阻。GPxnPUD 寄存器功能如表 4-2-3 所示。

表 4-2-3　GPxnPUD 寄存器

GPJ0PUD	位	描述	初始状态
GPJ0PUP[n]	[2n+1: 2n] N=0～7	00=上拉/下拉　禁止 01=下拉　使能 10=上拉　使能 11=保留	0x5555

S5PV210 处理器 GPIO 端口操作步骤如下：

① 确定所使用的 GPIO 端口的功能，如作为输入/输出引脚使用时，是否需要设置上拉/

下拉电阻；作为其他功能使用时，对应 S5PV210 处理器的芯片手册进行设置。

② 确定 GPIO 端口的输入/输出方向，通过端口设置寄存器完成端口的输入/输出功能或其他功能设置。

③ 对数据寄存器操作，如果设置为输入引脚，读取数据寄存器对应位值，实现引脚状态的读取，如果设置为输出引脚，通过写数据寄存器对应位值，实现引脚状态的设置。

4.2.3　GPIO 应用实例

（1）任务要求

实现两个发光二极管 LED1、LED2 轮流点亮。

（2）硬件电路连接

LED 是开发中最常用的状态指示设备，本开发板具有 4 个用户可编程 LED，它们直接与 CPU 的 GPIO 相连接，低电平点亮，LED 接口电路如图 4-2-1 所示。

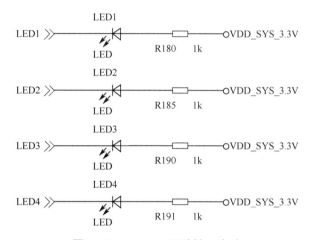

图 4-2-1　LED 驱动接口电路

通过 LED 接口电路可以得到的物理连接如表 4-2-4 所示。

表 4-2-4　LED 物理连接

原理图 LED 灯标识	ARM 芯片接口标识
LED1	GPJ2_0
LED2	GPJ2_1
LED3	GPJ2_2
LED4	GPJ2_3

（3）软件设计

由图 4-2-1 可以看出，要实现控制功能，即点亮 LED 和熄灭 LED，必须将 GPJ2_0、GPJ2_1、GPJ2_2、GPJ2_3 这四个引脚设置为输出。从图 4-2-1 可以看出，当输出引脚为低电平的时候，LED 点亮。反之，当 LED 引脚输出为高电平时，与之相连的 LED 熄灭。在这个程序中，需要对 GPJ2CON 寄存器和 GPJ2DAT 寄存器进行编程。

程序源代码如下。

① led.c 文件 led.c 中编写了两个 C 函数 ，led_blink()实现 LED 闪烁，delay()实现延时功能。

```c
#define   GPJ2CON  (*(volatile unsigned long *) 0xE0200280)
#define   GPJ2DAT  (*(volatile unsigned long *) 0xE0200284)

void delay(int r0)                    // 延时
{
    volatile int count = r0;
    while (count--);
}
void led_blink()                      // LED 闪烁
{
    GPJ2CON = 0x00001111;             // 配置引脚
    while(1)
    {
        GPJ2DAT = 0;                  // LED on
        delay(0x100000);
        GPJ2DAT = 0xf;                // LED off
        delay(0x100000);
    }
}
```

② start.S 文件 start.S 的作用如下。

第一步：关闭看门狗；

第二步：设置栈；

第三步：调用 C 函数 led_blink()，实现 LED 闪烁。

设置栈，其实就是设置 sp 寄存器，让其指向一块可用的内存，我们将其指向 0xD003_7D80，因为 IROM 里的固定代码设置的 sp 就等于 0xD003_7D80。

```asm
.global _start
_start:
// 关闭看门狗
ldr    r0, =0xE2700000
mov    r1, #0
str    r1, [r0]
// 设置栈，以便调用 c 函数
ldr    sp, =0xD0037D80
// 调用 c 函数, LED 闪烁
    bl   led_blink
halt:
    b halt
```

③ mkv210_image.c mkv210_image.c 的核心工作如下。

第一步：分配 16k 的 buffer；

第二步：将 led.bin 读到 buffer 的第 16byte 开始的地方；

第三步：计算校验和，并将校验和保存在 buffer 第 8～11byte 中；

第四步：将 16k 的 buffer 拷贝到 210.bin 中。

校验和统计的关键代码如下：

```
a = Buf+SPL_HEADER_SIZE;
for(i = 0, checksum = 0; i < IMG_SIZE - SPL_HEADER_SIZE; i++)
checksum+= (0x000000FF) & *a++;
```

④ Makefile

```
led.bin: start.o
    arm-linux-ld -Ttext 0x0 -o led.elf $^
    arm-linux-objcopy -O binary led.elf led.bin
    arm-linux-objdump -D led.elf > led_elf.dis
    gcc mkv210_image.c -o mkmini210
    ./mkmini210 led.bin 210.bin
%.o : %.S
    arm-linux-gcc -o $@ $< -c
%.o : %.c
    arm-linux-gcc -o $@ $< -c
clean:
    rm *.o *.elf *.bin *.dis-f
```

当用户在 Makefile 所在目录下执行 make 命令时，系统会进行如下操作。

第一步：执行 arm-linux-gcc -o $@ $< -c 命令将当前目录下存在的汇编文件和 C 文件编译成.o 文件；

第二步：执行 arm-linux-ld -Ttext 0x0 -o led.elf $^将所有.o 文件链接成 elf 文件，-Ttext 0x0 表示程序的运行地址是 0x0，由于目前我们编写的代码是位置无关码，所以程序能在任何一个地址上运行；

第三步：执行 arm-linux-objcopy -O binary led.elf led.bin 将 elf 文件抽取为可在开发板上运行的 bin 文件；

第四步：执行 arm-linux-objdump -D led.elf > led_elf.dis 将 elf 文件反汇编后保存在 dis 文件中，调试程序时可能会用到；

第五步：mkmini210 处理 led.bin 文件，mkmini210 由 mkv210_image.c 编译而来。

（4）程序编译与烧写

将 sd 卡插入 PC，在 Unbuntu 终端执行如下命令。

```
# cd 3.led_c_sp
# make
# chmod 777 write2sd
# ./write2sd
```

执行 make 后会生成 210.bin 文件，执行./write2sd 后 210.bin 文件会被烧写到 sd 卡的扇区 1 中。

write2d sd 是一个脚本文件，内容如下：

```
#!/bin/sh
sudo dd iflag=dsync oflag=dsync if=210.bin of=/dev/sdb seek=1
```

dd 是一个读写命令，if 是输入，of 是输出，seek 表示从扇区 1 开始读写。

任务 4.3　串口的应用

4.3.1　UART 通信简介

在数据通信中有两种常用的通信方式：串行通信和并行通信。并行通信是数据的各位同时进行传送，其优点是传送速度快，缺点是有多少位数据就需要多少根传输线，这在数据位数较多、传送距离较远时不宜采用。串行通信是指数据一位一位地按顺序传送，其突出优点是只需要一根传输线，特别适宜远距离传输，缺点是传送速度较慢。

串行通信又分为异步传送和同步传送。S5PV210 处理器采用的是异步串行通信（UART）方式。异步通信是指发送端和接收端不使用共同的时钟，也不在数据中传送同步信号。但是，接收方与发送方之间必须约定传送数据的帧格式和波特率。

异步传送时，数据在线路上是以一个字（或称字符）为单位来传送的，各个字符之间可以连续传送，也可以是间断传送，这完全由发送方根据需要来决定。另外，在异步传送时，发送方和接收方各用自己的时钟。

（1）异步串行通信数据格式

异步串行通信发送的数据帧（字符帧）是由 4 个部分组成，分别是起始位、数据位、奇偶校验位、停止位。数据帧格式如图 4-3-1 所示。

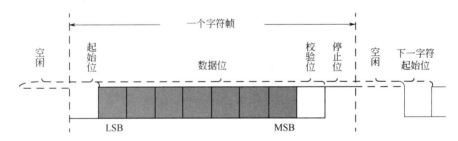

图 4-3-1　UART 数据帧格式

● 起始位：位于字符帧的开头，只占一位，始终为逻辑"0"低电平，表示发送端开始发送一帧数据。

● 数据位：紧跟起始位后，可取 5、6、7、8 位，低位在前，高位在后。

● 奇偶校验位：占 1 位，用于对字符传送做正确性检查。奇偶检验位是可选择的，共有三种可能，即奇校验、偶校验和无校验，由用户根据需要选定。

● 停止位：末尾，为逻辑"1"高电平，可取 1、1.5、2 位，表示一帧字符传送完毕。

● 空闲位：处于逻辑"1"高电平，表示当前线路上没有数据传送。

（2）波特率

串行通信的速率用波特率来表示，所谓波特率就是指一秒钟传送数据位的个数。每秒钟传送一个数据位就是 1 波特，即：1 波特=1bps（位/秒）。

在串行通信中,数据位的发送和接收分别由发送时钟脉冲和接收时钟脉冲进行定时控制。时钟频率高,则波特率高,通信速度就快;反之,时钟频率低,波特率就低,通信速度就慢。

4.3.2　S5PV210 的异步串行通信接口

S5PV210 处理器的 UART 模块提供了 4 个独立的异步串行输入/输出端口。每个端口都支持中断模式或 DMA 模式,UART 可产生一个中断或发出一个 DMA 请求,来传输 CPU 和 UART 之间的数据。UART 支持最高 3Mbit/S 的传输速度。每个 UART 通道都包含两个 FIFO 用来接收和发送数据,其中 UART0 的 FIFO 为 256B,UART1 为 64B,UART2 和 UART3 为 16B。

S5PV210 处理器的 UART 每个通道的结构如图 4-3-2 所示。每个 UART 包含一个波特率发生器,一个发送器、一个接收器和一个控制单元。波特率发生器决定 UART 数据的传输速率,为 UART 的发生器和接收器提供时钟信号,使之根据时钟的节拍来发送和接收数据。波特率发生器的输入时钟有两个来源:PCLK 或 SCLK_UART。

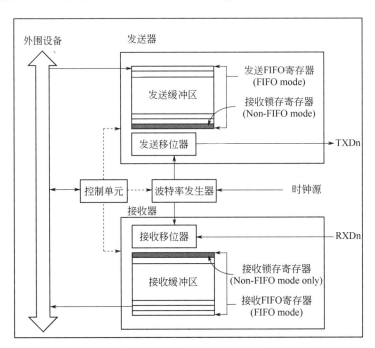

图 4-3-2　UART 结构图

控制单元起着管理和协调作用,负责 UART 与数据总线之间的数据交互,对 UART 数据传输中出现的错误进行处理,控制发送器、接收器和波特率发生器的工作状态。

发送器和接收器包含 FIFO 和数据移位寄存器。要发送的数据被写入 TX FIFO,然后被复制到发送移位寄存器,随后被发送引脚 TXDn 移出。接收数据时,数据通过 RXDn 引脚移位进入接收移位寄存器中,最后被复制到 RX FIFO。

S5PV210 处理器的 UART 具有以下几种工作方式。

(1)中断或查询模式　基于中断或查询模式是指 UART 在传输数据时,一个数据帧接收或者发送完毕时,UART 将向 CPU 发送中断请求。若开启中断功能,开发者可以通过查询响应的状态寄存器来判断数据是否发送完成,数据收发的中断和查询模式可以通过 UART 控制寄存器 UCONn 来设置。

（2）DMA 模式　由于中断或者查询模式的数据传输效率低，因而采用了 DMA 模式。DMA 即直接内存访问，DMA 控制器允许不同速度的硬件装置之间进行数据传输，不需要依赖 CPU 的大量中断负载。当采用 DMA 模式时，需要借助 FIFO 寄存器。

（3）红外线模式　红外线模式是 UART 在收发数据时所支持的一种模式，在数据收发时分别加入了一个红外接收解码器和红外发送编码器，用于对接收的数据帧进行解码以及对预发送的数据帧进行编码。

（4）回环模式　回环模式主要用于调试和诊断，UART 的数据发送端 TXDn 将被数据接收端 RxDn 接收，环回模式通过 UART 的控制寄存器 UCONn 和 bit[5]来控制。

（5）FIFO 模式　FIFO 常用于数据传输速度不匹配的场合中，起到数据缓冲池的作用。在 FIFO 模式下，UART 的预发送数据不是直接从数据总线通过发送移位寄存器输出到 TXDN 端的，而是按照先进先出的方式将预发送的数据先写到 FIFO 单元，然后在波特率发生器时钟的作用状态下，FIFO 的数据再依次通过发送移位寄存器串行的输出到 TXDN 端。因此，CPU 在数据发送时，只需要满足 FIFO 不溢出就可往 FIFO 中写入数据，不必等待数据发送完毕。

UART 的 FIFO 控制寄存器用 UFCONN 的 bit[0]位来控制是否开启 FIFO。一般 FIFO 与 DMA 是一起使用的，可大大提高其数据传输效率。

4.3.3　S5PV210 的 UART 寄存器

S5PV210 处理器提供了大量的寄存器，下面对几个常用的寄存器进行介绍。

（1）UART 线控制寄存器（ULCONn）

UART 的线控制寄存器 ULCONn 主要作用是用来设置各个 UART 串口通信接口的数据帧的格式以及红外模式与正常模式的配置。ULCONn 寄存器的定义如表 4-3-1 所示。4 个 ULCONn 分别为：

- ULCON0, R/W, Address = 0xE290_0000
- ULCON1, R/W, Address = 0xE290_0400
- ULCON2, R/W, Address = 0xE290_0800
- ULCON3, R/W, Address = 0xE290_0C00

表 4-3-1　ULCONn 寄存器的定义

ULCONn	位	描述	初始状态
Reserved	[31:7]	保留	0
Infrared Mode	[6]	是否使用红外模式 0=正常模式 1=红外 Tx/Rx 模式	0
Parity Mode	[5:3]	UART 发送接收中校验码类型： 0xx=无校验 100=奇校验 101=偶校验 110=强制校验位为 1 111=强制校验位为 0	000

ULCONn	位	描述	初始状态
Number of Stop Bit	[2]	每帧停止位位数： 0=1 位停止位 1=2 位停止位	0
Word Length	[1:0]	每帧数据位数： 00=5 位 01=6 位 10=7 位 11=8 位	00

（2）UART 控制寄存器 UCONn

UCONn 寄存器设计了 UART 串口通信的各个方面，包括时钟的选择、数据收发方式的设置、收发中断类型的配置、DMA 模式下的数据突发方式、字节数的设置等。UCONn 寄存器的定义如表 4-3-2 所示。四个 UCON 寄存器分别为：

- UCON0, R/W, Address = 0xE290_0004
- UCON1, R/W, Address = 0xE290_0404
- UCON2, R/W, Address = 0xE290_0804
- UCON3, R/W, Address = 0xE290_0C04

表 4-3-2　UCONn 寄存器的定义

UCONn	位	描述	初始状态
Reserved	[31:21]	保留	000
Tx DMA Burst Size	[20]	Tx DMA 突发长度 0=1 byte(Single) 1=4 bytes	0
Reserved	[19:17]	保留	000
Rx DMA Burst Size	[16]	Rx DMA 突发长度 0=1byte(Single) 1=4bytes	0
Reserved	[15:11]	保留	0000
Clock Selection	[10]	为波特率选择时钟源： 0=PCLD:DIV_VAL1=(PCLK/(bps×16))-1 1:SCLK_UART: DIV_VAL1=(SCLK_UART/(bps×16))-1	00
Tx Interrupt Type	[9]	Tx 中断产生类型： 0=脉冲 1=电平	0
Rx Interrupt Type	[8]	Rx 中断产生类型： 0=脉冲 1=电平	0

续表

UCONn	位	描述	初始状态
Rx Time Out Enable	[7]	如果 UART FIFO 启用，允许/禁止接收超时中断： 0=禁止 1=允许	0
Rx Error Status Interrupt Enable	[6]	允许 UART 在接收发生异常时产生中断，如果接收时发生帧错误、校验错误或溢出错误等： 0=不产生接收错误中断 1=产生接收错误中断	0
Loop-back Mode	[5]	是否进入回环模式，该模式仅用于测试 0=正常模式 1=回环模式	0
Send Break Siganl	[4]	在一帧中设置此位触发 UART 发送中断，发送后该位自动清零 0=正常发送 1=发送中断信号	0
Transmit Mode	[3:2]	决定使用哪种方式发送数据至 UART 发送缓冲寄存器： 00=禁止 01=中断或者轮询模式 10=DMA 模式 11=保留	00
Receive Mode	[1:0]	决定使用哪种方式从 UART 接收缓冲寄存器读取数据： 00=禁止 01=中断或者轮询模式 10=DMA 模式 11=保留	00

（3）UART 波特率分频寄存器（UBRDIVn）

在给定的输入时钟频率和要求的波特率情况下，UBRDIVn 为波特率发生器提供正确的时钟分频系数。UBRDIVn 寄存器有四个，分别是：

- UBRDIV0, R/W, Address = 0xE290_0028
- UBRDIV1, R/W, Address = 0xE290_0428
- UBRDIV2, R/W, Address = 0xE290_0828
- UBRDIV3, R/W, Address = 0xE290_0C28

UBRDIVn 寄存器的定义如表 4-3-3 所示。

表 4-3-3　UBRDIVn 寄存器的定义

UBRDIVn	位	描述	初始状态
Reserved	[31:16]	保留	0
UBRDIVn	[15:0]	波特率分频值（当时钟源是 PCLK 时，UBRDIVn 必须大于 0）	0x0000

该寄存中 UBRDIVn 计算方法为：

- 若 UART 的时钟源为 PCLK，则 UBRDIVn=PCLK/波特率*16−1
- 若 UART 的时钟源为 SCLK，则 UBRDIVn=SCLK_UART/波特率*16−1

（4）UDIVSLOT 寄存器

UDIVSLOT 寄存器有四个，分别为：

- UDIVSLOT0, R/W, Address = 0xE290_002C
- UDIVSLOT1, R/W, Address = 0xE290_042C
- UDIVSLOT2, R/W, Address = 0xE290_082C
- UDIVSLOT3, R/W, Address = 0xE290_0C2C

UDIVSLOTn 寄存器的定义如表 4-3-4 所示。

表 4-3-4   UDIVSLOTn 寄存器的定义

UDIVSLOT n	位	描述	初始状态
Reserved	[31:16]	保留	0
UDIVSLOTn	[15:0]	选择时钟发生器划分时钟源的槽	0x0000

UDIVSLOTn 寄存器和 UBRDIVn 寄存器用来确定数据的发送和接收波特率。计算公式为：

```
DIV_VAL=UBRDIVn+（num of 1's in UDIVSLOTn)/16
DIV_VAL=(PCLK/(bps*16))-1
```

或者

```
DIV_VAL = (SCLK_UART / (bps*16)) -1
```

假设波特率是 115200 bps，SCLK_UART 是 40 MHz, UBRDIVn 和 UDIVSLOTn 为：

```
DIV_VAL = (40000000 / (115200*16)) -1
= 21.7 -1
= 20.7
UBRDIVn = 20 (DIV_VAL 的整数部分)
(num of 1's in UDIVSLOTn)/16 = 0.7
则(num of 1's in UDIVSLOTn) = 11
```

官方推荐的 UDIVSLOTn 的值如表 4-3-5 所示。

表 4-3-5   UDIVSLOTn 推荐值

Num of 1's	UDIVSLOTn	Num of 1's	UDIVSLOTn
0	0x0000(0000_0000_0000_0000b)	8	0x5555(0101_0101_0101_0101b)
1	0x0080(0000_0000_0000_1000b)	9	0xD555(1101_0101_0101_0101b)
2	0x0808(0000_1000_0000_1000b)	10	0xD5D5(1101_0101_1101_0101b)
3	0x0888(0000_1000_1000_1000b)	11	0XDDD5(1101_1101_1101_0101b)
4	0x2222(0010_0010_0010_0010b)	12	0xDDDD(1101_1101_1101_1101b)
5	0x4924(0100_1001_0010_0100b)	13	0xDFDD(1101_1111_1101_1101b)
6	0x4A52(0100_1010_0101_0010b)	14	0XDFDF(1101_1111_1101_1111b)
7	0x54AA(0101_0100_1010_1010b)	15	0xFFDF(1111_1111_1101_1111b)

经查表，得到：UDIVSLOT0=0XDDD5。

（5）UART 接收发送状态寄存器（UTRSTATn）

在数据通信过程中，状态寄存器 UTRSTATn 用来描述当前状态下的发送状态和接收状态，通过查看状态寄存器中相应位的值就可以确定当前状态下发送和接收的状态，从而判断是否可以发送数据，是否有新的数据到来，UTRSTATn 寄存器有四个，分别是：

- UTRSTAT0, R, Address = 0xE290_0010
- UTRSTAT1, R, Address = 0xE290_0410
- UTRSTAT2, R, Address = 0xE290_0810
- UTRSTAT3, R, Address = 0xE290_0C10

UTRSTATn 寄存器的定义如表 4-3-6 所示。

表 4-3-6　UTRSTATn 寄存器的定义

UTRSTATn	位	描述	初始状态
Reserved	[31:3]	保留	0
Transmitter empty	[2]	如果发送缓冲器没有有效的传输数据，且发送移位寄存器为空，该位被自动置 1。 0=发送器不为空 1=发送器为空（包括发送缓冲寄存器和放移位寄存器）	1
Transmit buffer empty	[1]	如果发送缓冲寄存器为空，该位被自动置 1。 0=发送缓冲器不为空 1=发送缓冲器为空（在非 FIFO 模式下，可产生中断和 DMA 请求。在 FIFO 模式下，如果 TxFIFO 触发电平设置值为 0，产生中断和 DMA 请求） 如果 UART 使用 FIFO，则检查 USFTAT 寄存器中 Tx FIFO Count 位并使用 TxFIFO Full 位的值来代替该位	
Receive buffer data ready	[0]	如果接收缓冲器从 RXD 端口接收到有效的数据，该位自动置 1。 0=接收缓冲寄存器为空 1=接收缓冲寄存器接收到有效数据（在非 FIFO 模式下，产生中断和 DMA 请求） 如果 UART 使用 FIFO，则检查 USFTAT 寄存器中 RxFIFO Count 位并使用 Rx FIFOFull 位的值来替代该位	

（6）UART 发送缓存寄存器（UTXHn）

UTXHn 用来存放要发送的数据，UTXHn 中的数据最终通过发送移位寄存器串行地发送到 TXD 端。UTXHn 寄存器有四个，分别为：

- UTXH0, W, Address = 0xE290_0020
- UTXH1, W, Address = 0xE290_0420
- UTXH2, W, Address = 0xE290_0820
- UTXH3, W, Address = 0xE290_0C20

UTXHn 寄存器的定义如表 4-3-7 所示。

表 4-3-7　UTXHn 寄存器的定义

UTXHn	位	描述	初始状态
Reserved	[31:8]	保留	-
UTXHn	[7:0]	UARTn 的 8 位发送数据	1

（7）UART 接收缓存寄存器（URXHn）

URXHn 用来存放从接收移位寄存器中接收到的数据，等待 CPU 来读取。URXHn 寄存器有四个，分别为：

- URXH0, R, Address = 0xE290_0024
- URXH1, R, Address = 0xE290_0424
- URXH2, R, Address = 0xE290_0824
- URXH3, R, Address = 0xE290_0C24

URXHn 寄存器的定义如表 4-3-8 所示。

表 4-3-8　URXHn 寄存器的定义

UTXHn	位	描述	初始状态
Reserved	[31:8]	保留	0
URXHn	[7:0]	UARTn 的 8 位接收数据	0x00

4.3.4　3S5PV210 串行通信实例

（1）任务描述

从 PC 键盘中敲入一个字符，则串口终端会显示该字符在 ASCII 表中的下一字符，如输入 'a'，串口终端会出现 'b'。

（2）硬件连接

串口电路如图 4-3-3 所示。

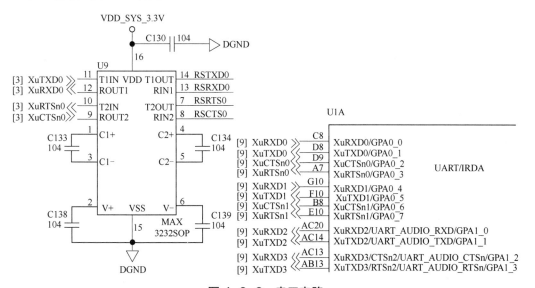

图 4-3-3　串口电路

（3）主要程序

① main.c

```c
int main()
{
    char c;
    uart_init(); // 初始化串口
    while (1)
    {
        c = getc (); // 接收一个字符 c
        putc(c+1); // 发送字符 c+1
    }
    return 0;
}
```

② uart.c

```c
void uart_init()
{
    // 1 配置引脚用于 RX/TX 功能
    GPA0CON = 0x22222222;
    GPA1CON = 0x2222;
    // 2 设置数据格式等
    UFCON0 = 0x1; // 使能 FIFO
    UMCON0 = 0x0; // 无流控
    ULCON0 = 0x3; // 数据位:8, 无校验, 停止位: 1
    UCON0 = 0x5; // 时钟: PCLK, 禁止中断, 使能 UART 发送、接收
    // 3 设置波特率
    UBRDIV0 = UART_UBRDIV_VAL; // 35
    UDIVSLOT0 = UART_UDIVSLOT_VAL; // 0x1
}
```

上述代码共有四个步骤。

第一步：配置引脚用于 RX/TX 功能。参考 UART 引脚连接图，我们需要设置 GPA0CON 和 GPA1CON 寄存器使 GPA0 和 GPA1 引脚用于 UART 功能。GPA0CON 和 GPA1CON 寄存器可以参考手册进行配置。

第二步：配置数据格式。

a．配置 ULCONn 寄存器，设置数据位、停止位、校验位、模式。本实例中，

● Word Length = 11,8bit 的数据；

● Number of Stop Bit = 0,1bit 的停止位；

● Parity Mode = 000，无校验；

● Infrared Mode =0，使用普通模式；

所以 ULCON0=0x3。

b．配置 UCONn 寄存器，设置数据接收和发送模式、时钟源。本实例中，

● Receive Mode = 01，使用中断模式或者轮询模式；

● Transmit Mode = 01，使用中断模式或者轮询模式；

- Send Break Signal = 0，普通传输；
- Loop-back Mode = 0，不使用回环方式；

我们采用轮询的方式接收和发送数据，不使用中断，所以 bit[6-9] 均为 0；

➢ Clock Selection = 0，使用 PCLK 作为 UART 的工作时钟；

➢ 我们不使用 DMA，所以 bit[16] 和 bit[20] 均为 0。

所以 UCON0 = 0x5

c. 配置 UFCON0 和 UMCON0

UFCON0 用来设置 FIFO，UMCON0 用来设置无流控。

第三步：设置波特率。波特率的设置涉及两个寄存器：UBRDIV0 和 UDIVSLOT0。

根据波特率设置相关公式：

```
UBRDIVn+(num of 1's in UDIVSLOTn)/16 = (PCLK / (bps*16)) -1
```

其中，UART 工作于 PSYS 下，所以 PCLK=66.5MHz，我们的波特率设置为 115200 bps，所以

```
 (66.5MHz/(115200*16)) -1 = 35.08 = UBRDIVn+(num of 1's in
UDIVSLOTn)/16,
```

所以我们设置 UBRDIV0=35，UDIVSLOT0=0*1。

第四步：发送和接收数据。

a. 发送数据：等待发送为空，将要发送的 8 位数据赋给发送缓存寄存器 UTXHn。

b. 接收数据：等待接收缓冲区有数据可读，从接收缓存寄存器 URXHn 中取出数据。

（4）编译代码和烧写运行

在 Ubuntu 终端执行如下命令：

```
# cd 12.uart_putchar
# make
```

在 12.uart_putchar 目录下会生成 uart.bin，我们将其烧写到开发板中。使用 MiniTools 烧写到 DRAM，具体如图 4-3-4 所示。

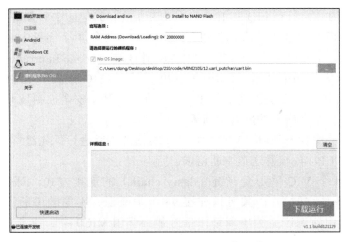

图 4-3-4　MiniTools 下载程序

点击"下载运行",MiniTools 会把裸机程序下载到 DRAM。将串口线连接好,并通过 MiniTools 自带的串口助手打开串口（如图 4-3-5）,然后从 PC 键盘中敲入一个字符,则串口终端会显示该字符在 ASCII 表中的下一字符,如输入 'a',串口终端会出现 'b'。

图 4-3-5　串口输出结果

任务 4.4　中断的应用

4.4.1　S5PV210 中断体系简介

中断是指 CPU 在执行程序的过程中,遇到异常情况需要处理,CPU 停止当前程序的运行,保存当前程序运行的必要参数,转去处理异常情况,处理结束后又返回当前程序的中断处,继续执行原来程序的过程。

在 Cortex-A8 内核中只有 FIQ 和 IRQ 两种中断类型,其他的中断都是各个芯片厂商在设计新品时,加入中断控制器进行扩展定义的。S5PV210 共有 4 个向量中断控制器（Vectored Interrupt Controller,VIC）和 4 个 TrustZone 中断控制器（TrustZone Interrupt Controller,TZIC）。其中,VIC 集成了基于 PrimeCell 技术的 PL129 内核,TZIC 集成了 SP890 内核。TZIC 为 TrustZone 单独设计了一个安全软件中断接口,它提供了基于安全控制技术的 FI Q 类型的中断,可屏蔽来自非安全系统下的所有中断源。

当系统中有多个中断发生时,VIC 的任务是对这些中断进行优先级排队,然后选择优先级最高的一个,向 CPU 内核发送该中断请求。

S5PV210 的 4 个 VIC 采用菊花链（dasiy-chain）的连接方式,每个 VIC 管理 32 个中断源（其中一些是空的）,一共可以连接 93 个中断源,不同的中断源以不同的中断号进行区分。所有的中断源产生的中断请求信号最终都由 VIC0 中断控制器发送给 S5PV210 的内核。

4.4.2 S5PV210 中断控制寄存器

S5PV210 的每一组 VIC 和 TZIC 都有很多的寄存器，下面对常用的寄存器进行简单的介绍。

（1） VICINTENABLE、VICINTSELECT、VICNTENCLEAR 寄存器

① 中断使能寄存器 Interrupt Enable Register（VICINTENABLE）

VICINTENABLE 寄存器用于中断的开启，它的每一个 bit 代表一个中断源。向相应的位写 1 可以使能中断，写 0 无效。读取该寄存器，若该中断允许则返回 1，若未允许则返回 0。如表 4-4-1 所示。

表 4-4-1　VICINTENABLE 寄存器

VICINTENABLE	位	描述	初始状态
IntEnable	[31:0]	启用中断请求线，允许中断到达处理器 读： 0=禁止中断 1=使能中断 写： 0=无效 1=使能中断 复位时，所有的中断禁止 寄存器的每一位对应一个中断源	0x00000000

② 中断选择寄存器 Interrupt Select Register(VICINTSELECT)

VICINTESELECT 寄存器用于设置中断类型。Cortext-A8 提供了两种中断类型，即 FIQ 和 IRQ。所有的中断源在中断请求时都要确定使用哪一种中断类型。向该寄存器相应的位写 0 设置为 IRQ 类型，写 1 设置为 FIQ 类型。如表 4-4-2 所示。

表 4-4-2　VICINTSELECT 寄存器

VICINTSELECT	位	描述	初始状态
IntSelect	[31:0]	选择中断类型： 0=IRQ 中断 1=FIQ 中断 寄存器的每一位对应一个中断源	0x00000000

③ 中断使能清除寄存器 Interrupt Enable Clear Register（VICINTENCLEAR）

VICINTENCLEAR 寄存器用于清除 VICINTENABLE 中相应的位，写 1 可以清除 VICINTENABLE 的中断，写入 0 则无效。如表 4-4-3 所示。

表 4-4-3　VICINTENCLEAR 寄存器

VICINTENCLEAR	位	描述	初始状态
IntEnable Clear	[31:0]	VICINTENABLE 寄存器清除中断响应： 0=无效 1=清除中断 寄存器的每一位对应一个中断源	

（2）IRQSTATUS、FIQSTATUS、VICRAWINTR 寄存器

① IRQ 状态寄存 IRQ Status Register（IRQSTATUS）

IRQSTATUS 寄存器为 32 位，每位对应 1 个中断源。改寄存器的各位代表了 IRQ 中断源被 VICINTENABLE 寄存器屏蔽之后的状态。1 表示有中断请求触发，0 表示无中断或者中断被屏蔽。如表 4-4-4 所示。

表 4-4-4　IRQSTATUS 寄存器

VICIRQSTATUS	位	描述	初始状态
IRQStatus	[31:0]	被 VICINTENABLE 和 VICINTSELECT 寄存器屏蔽后 IRQ 中断源状态： 0=中断被屏蔽 1=中断请求触发 寄存器的每一位对应一个中断源	0x00000000

② FIQ 状态寄存器 FIQ Status Register (VICFIQSTATUS)

FIQSTATUS 寄存代表了 FIQ 中断源被 VICINTENABLE 寄存器屏蔽之后的状态，其含义和 IRQSTATUS 一样。如表 4-4-5 所示。

表 4-4-5　FIQSTATUS 寄存器

VICFIQSTATUS	位	描述	初始状态
FIQStatus	[31:0]	被 VICINTENABLE 和 VICINTSELECT 寄存器屏蔽后 FIQ 中断源状态： 0=中断被屏蔽 1=中断请求触发 寄存器的每一位对应一个中断源	0x00000000

③ 原始中断状态寄存器 Raw Interrupt Status Register（VICRAWINTR）

VICRAWINTR 寄存器表示中断源的原始状态，即被屏蔽之前的状态。1 表示有中断请求，0 表示无中断请求。如表 4-4-6 所示。

表 4-4-6　VICRAWINTR 寄存器

VICRAWINTR	位	描述	初始状态
RAWInterrupt	[31:0]	被 VICINTENABLE 和 VICINTSELECT 寄存器屏蔽之前的状态： 0=无中断请求 1=有中断触发 寄存器的每一位对应一个中断源	-

（3）VIC 地址寄存器 Vector Address Register（VICADDRESS）

VICADDRESS 寄存器是只读的，当中断发生时，中断控制器会自动识别中断编号，并且会自动将相应 VICVECTADDR 寄存器的中断服务程序 ISP 的入口复制到 VICADDRESS 寄存器中。中断处理完成后，必须要手动清除 VICADDRESS 寄存器。如表 4-4-7 所示。

表 4-4-7　VICADDRESS 寄存器

VICADDRESS	位	描述	初始状态
VectAddr	[31:0]	包含当前活动 ISR 的地址，重置值为 0x00000000。 读取此寄存器返回 ISR 的地址，并将当前中断设置为服务中断。必须在有中断触发时执行读取。 向该寄存器写入任何值都会清除当前中断。 写入只能在中断服务例程结束时执行	0x00000000

（4）EXT_CON、EXT_PEND、EXT_MASK 寄存器

这一组寄存器是外部中断寄存器。S5PV210 共支持 32 个通道的外部中断，每个外部中断都有对应的 GPIO 引脚接收来自外部的中断信号。

① 外部中断控制 EXT_CON 寄存器

EXT_CON 一共四个寄存器，分别是 EXT_INT_0_CON～EXT_INT_3_CON。该寄存器的每位对应 1 个外部中断源，用于设置外部中断的触发方式。触发方式有高电平触发、低电平触发、上升沿触发、下降沿触发和双沿触发等。如果将中断源设置为高/低电平触发，只要电平满足条件就会不停地触发中断。如果设置为边沿触发，只要发生了电平的变化就会触发中断。如表 4-4-8 所示。

表 4-4-8　EXT_INT_0_CON 寄存器

EXT_INT_0_CON	位	描述	初始值
Reserved	[31]	Reserved	0
EXT_INT_0_CON[7]	[30:28]	设置 f EXT_INT[7] 触发方式： 000 = 低电平 001 = 高电平 010 = 下降沿触发 011 = 上升沿触发 100 = 双沿触发 101～111 = 保留	000
Reserved	[27]	Reserved	0
EXT_INT_0_CON[6]	[26:24]	设置 EXT_INT[6] 触发方式： 000 = 低电平 001 = 高电平 010 = 下降沿触发 011 = 上升沿触发 100 = 双沿触发 101～111 = 保留	000
Reserved	[23]	Reserved	0
EXT_INT_0_CON[5]	[22:20]	设置 EXT_INT[5] 触发方式： 000 = 低电平 001 = 高电平 010 = 下降沿触发 011 = 上升沿触发 100 = 双沿触发 101～111 = 保留	000

续表

EXT_INT_0_CON	位	描述	初始值
Reserved	[19]	Reserved	0
EXT_INT_0_CON[4]	[18:16]	设置 EXT_INT[4]触发方式： 000 = 低电平 001 = 高电平 010 = 下降沿触发 011 = 上升沿触发 100 = 双沿触发 101～111 = 保留	000
Reserved	[15]	Reserved	0
EXT_INT_0_CON[3]	[14:12]	设置 EXT_INT[3]触发方式： 000 = 低电平 001 = 高电平 010 = 下降沿触发 011 = 上升沿触发 100 = 双沿触发 101～111 = 保留	000
Reserved	[11]	Reserved	0
EXT_INT_0_CON[2]	[10:8]	设置 EXT_INT[2]触发方式： 000 = 低电平 001 = 高电平 010 = 下降沿触发 011 = 上升沿触发 100 = 双沿触发 101～111 = 保留	000
Reserved	[7]	Reserved	0
EXT_INT_0_CON[1]	[6:4]	设置 EXT_INT[1]触发方式： 000 = 低电平 001 = 高电平 010 = 下降沿触发 011 = 上升沿触发 100 = 双沿触发 101～111 = 保留	000
Reserved	[3]	Reserved	0
EXT_INT_0_CON[0]	[2:0]	设置 EXT_INT[0]触发方式： 000 = 低电平 001 = 高电平 010 = 下降沿触发 011 = 上升沿触发 100 = 双沿触发 101～111 = 保留	000

② 外部中断挂起 EXT_PEND 寄存器

EXT_PEND 寄存器一共有四个寄存器，分别为 EXT_INT_0_PEND～EXT_INT_3_PEND。该寄存器是中断挂起寄存器。当发生了中断后，硬件会自动将这个寄存器中该中断对应的位置 1，中断处理完以后，相应中断的位必须手动置 0。如表 4-4-9 所示。

表 4-4-9　EXT_INT_0_PEND 寄存器

EXT_INT_0_PEND	位	描述	初始状态
Reserved	[31:8]	保留	0
EXT_INT_0_PEND[7]	[7]	0 = Not occur 1 = Occur interrupt	0
EXT_INT_0_PEND[6]	[6]	0 = Not occur 1 = Occur interrupt	0
EXT_INT_0_PEND[5]	[5]	0 = Not occur 1 = Occur interrupt	0
EXT_INT_0_PEND[3]	[3]	0 = Not occur 1 = Occur interrupt	0
EXT_INT_0_PEND[2]	[2]	0 = Not occur 1 = Occur interrupt	0
EXT_INT_0_PEND[1]	[1]	0 = Not occur 1 = Occur interrupt	0
EXT_INT_0_PEND[0]	[0]	0 = Not occur 1 = Occur interrupt	0

③ 外部中断屏蔽 EXT_MASK 寄存器

EXT_MASK 一共有四个寄存器，分别为 EXT_INT_0_MASK～EXT_INT_3_MASK。该寄存器就是各个外部中断的使能、禁止开关。如表 4-4-10 所示。

表 4-4-10　EXT_INT_0_MASK 寄存器

EXT_INT_0_MASK	位	描述	初始状态
Reserved	[31:8]	保留	0
EXT_INT_0_MASK[7]	[7]	0 = Enables Interrupt 1 = Masked	0
EXT_INT_0_MASK[6]	[6]	0 = Enables Interrupt 1 = Masked	0
EXT_INT_0_MASK[5]	[5]	0 = Enables Interrupt 1 = Masked	0
EXT_INT_0_MASK[4]	[4]	0 = Enables Interrupt 1 = Masked	0
EXT_INT_0_MASK[3]	[3]	0 = Enables Interrupt 1 = Masked	0
EXT_INT_0_MASK[2]	[2]	0 = Enables Interrupt 1 = Masked	0

续表

EXT_INT_0_MASK	位	描述	初始状态
EXT_INT_0_MASK[1]	[1]	0 = Enables Interrupt 1 = Masked	0
EXT_INT_0_MASK[0]	[0]	0 = Enables Interrupt 1 = Masked	0

4.4.3 S5PV210 中断控制实例

（1）任务描述

首先会不断地打印数字 1、2、3、4…，当按下 KEY1 产生外部中断 EINT16_31 时，会跳转到 IRQ_handler，然后调用 irq_handler()，最后调用对应的中断处理函数 isr_key()。该函数首先打印"we get company:EINT16_31"，然后清中断。

（2）硬件电路

Mini210S 中共有 4 个用户按键，其中按键 KEY1 的原理图如图 4-4-1 所示，其余三个按键的原理图与 KEY1 的相似。

通过电路图原理图可以得到的物理连接如表 4-4-11 所示。

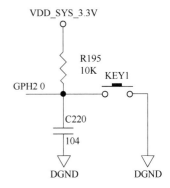

图 4-4-1　按键 KEY1 原理图

表 4-4-11　按键物理连接

原理图 LED 灯标识	ARM 芯片接口标识
K1	GPH2_0

原理分析：GPH2_0 引脚属于 GPH2 端口，当按键没有按下时，对应的 GPH2_0 引脚为高电平；当按键按下时，对应的 GPH2_0 引脚输出低电平。因此，只要按键按下，相应的 GPH2_0 引脚的电平就会由高变低，把这个电平的跳变作为中断触发信号发给 CPU。当 CPU 检测到 IRQ 引脚有电平跳变以后，就可以进行中断处理，我们在中断服务程序里就可以输出打印"we get company:EINT16_31"的操作。

（3）主要程序

主程序 main.c 的代码如下：

```
    #include "stdio.h"
    #include "int.h"
  #define    GPH2CON   (*(volatile unsigned long *) 0xE0200C40)
  #define    GPH2DAT   (*(volatile unsigned long *) 0xE0200C44)
  #define    GPH2_0_EINT16     (0xf<<(0*4))
  #define    GPH2_1_EINT17     (0xf<<(1*4))
  #define    GPH2_2_EINT18     (0xf<<(2*4))
  #define    GPH2_3_EINT19     (0xf<<(3*4))
  #define    EXT_INT_0_CON     ( *((volatile unsigned long *)0xE0200E00) )
  #define    EXT_INT_1_CON     ( *((volatile unsigned long *)0xE0200E04) )
```

```
#define    EXT_INT_2_CON       ( *((volatile unsigned long *)0xE0200E08) )
#define    EXT_INT_3_CON       ( *((volatile unsigned long *)0xE0200E0C) )
#define    EXT_INT_0_MASK      ( *((volatile unsigned long *)0xE0200F00) )
#define    EXT_INT_1_MASK      ( *((volatile unsigned long *)0xE0200F04) )
#define    EXT_INT_2_MASK      ( *((volatile unsigned long *)0xE0200F08) )
#define    EXT_INT_3_MASK      ( *((volatile unsigned long *)0xE0200F0C) )
#define    EXT_INT_0_PEND      ( *((volatile unsigned long *)0xE0200F40) )
#define    EXT_INT_1_PEND      ( *((volatile unsigned long *)0xE0200F44) )
#define    EXT_INT_2_PEND      ( *((volatile unsigned long *)0xE0200F48) )
#define    EXT_INT_3_PEND      ( *((volatile unsigned long *)0xE0200F4C) )
void uart_init();
// 延时函数
void delay(unsigned long count)
    {
          volatile unsigned long i = count;
          while (i--);
    }
void isr_key(void)
    {
        printf("we get company:EINT16_31\r\n");
        beep();
        // clear VIC0ADDR
         intc_clearvectaddr();
         // clear pending bit
        EXT_INT_2_PEND |= 1<<0;
          }
    int main(void)
     {
          int c = 0;
    // 初始化串口
          uart_init();
    // 中断相关初始化
        system_initexception();
          printf("***************Int test *************** \r\n");
    // 外部中断相关的设置
        // 1111 = EXT_INT[16]
          GPH2CON |= 0xF;
        // 010 = Falling edge triggered
        EXT_INT_2_CON |= 1<<1;
         // unmasked
         EXT_INT_2_MASK &=~(1<<0);
        // 设置中断 EINT16_31 的处理函数
         intc_setvectaddr(NUM_EINT16_31, isr_key);
        // 使能中断 EINT16_31
         intc_enable(NUM_EINT16_31);
```

```
        while (1)
        {
                printf("%d\r\n",c++);
                delay(0x100000);
        }
}
```

在主程序中，主要完成了如下工作。

第一步：初始化串口。

第二步：中断相关初始化，调用了 system_initexception()。

第三步：设置外部中断相关寄存器。首先配置 GPH2_0 引脚为中断功能；然后设置外部中断 EINT16_31 为下降沿触发；最后是不屏蔽该中断。

第四步：设置 VIC 相关寄存器。这里调用了两个函数。

① intc_setvectaddr()。它的作用是设置 VICVECTADDR 这一类寄存器，保存各个中断的处理函数，这里我们的外部中断 EINT16_31 的中断处理函数是 isr_key()。isr_key()函数的功能是：首先打印一句"we get company:EINT16_31"，然后蜂鸣器会响一下，最后是清 VIC 相关寄存器 VIC0ADDR 和外部中断相关寄存器 EXT_INT_2_PEND。

② intc_enable()。在 VIC 里通过设置寄存器 VICINTENABLE 使能外部中断 EINT16_31。

第五步：死循环。打印数字 1、2、3、4…，等待外部中断 EINT16_31 的发生。

（4）编译代码。

在 Ubuntu 终端执行如下命令：

```
# cd 15.int
# make
```

在 15.int 目录下会生成 int.bin，我们使用 MiniTool 将其烧写到开发板中。可以观察到程序的运行效果。首先会不断地打印数字 1、2、3、4...，当我们按下 KEY1 产生外部中断 EINT16_31 时会跳转到 IRQ_handler，然后调用 irq_handler()，最后调用对应的中断处理函数 isr_key()。该函数首先打印"we get company:EINT16_31"，然后清中断。效果如图 4-4-2 所示。

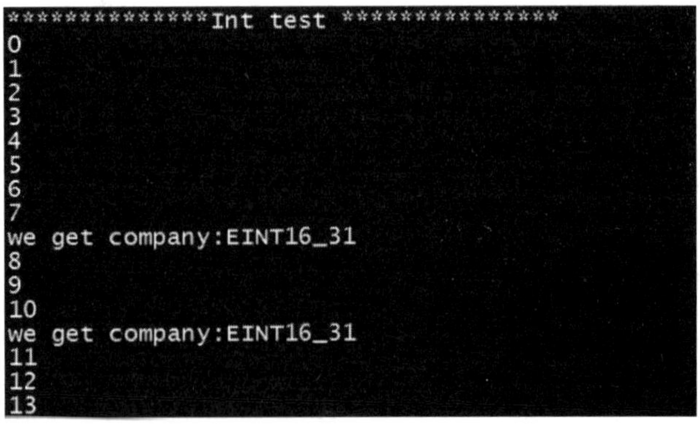

图 4-4-2　运行结果

任务 4.5   PWM 定时器的应用

4.5.1   S5PV210 PWM 定时器概述

脉冲宽度调制（PWM），是英文"Pulse Width Modulation"的缩写，简称脉宽调制，是利用微处理器的数字输出来对模拟电路进行控制的一种非常有效的技术。

S5PV210 内部有 5 个 32 位脉冲定时器，分别为定时器 0～4。每个定时器都有自己的 32 位递减计数器。当定时器启动后，递减计数器在时钟信号的驱动下进行减 1 计数。当递减计数器的值减到 0 时，定时器产生中断请求。定时器 0～3 具有 PWM 功能，可以驱动外部的 I/O 接口电路。S5PV210 定时器内部结构如图 4-5-1 所示。

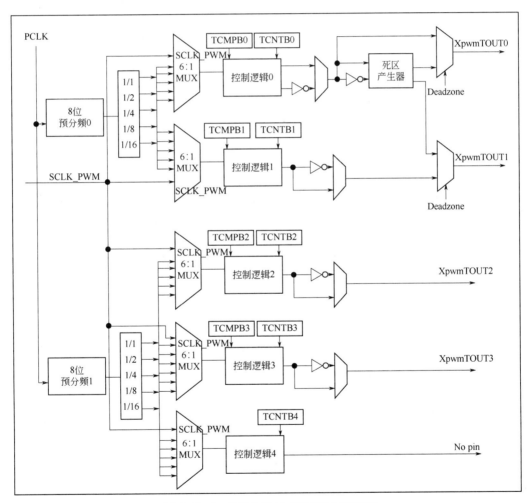

图 4-5-1   S5PV210 定时器内部结构

定时器 0 有可选的死区产生器功能，可支持大电流设备。定时器 4 是内部计时器，没有提供输出引脚。定时器 0～4 使用 APB-PCLK 作为时钟源。其中，定时器 0、1 共用一个可编程的 8 位的预分频器。定时器 2、3、4 共用另一个 8 位的预分频器，每个定时器都有自己的二级时钟分频器。二级时钟分频器有 5 种分频输出可选，分别是 1/2、1/4、1/8、1/16 和外部时钟 TCLK。此外，定时器 0~4 都可以选择使用外部时钟源，如 SCLK_PWM 时钟源。

S5PV210 定时器的递减计数器的值在 TCNTBn 寄存器中加载，PWM 功能通过比较寄存器 TCMPBn 实现。当递减计数器的值与 TCMPBn 寄存器的值相等时，控制逻辑会将定时器输出电平翻转。因此，比较寄存器的值决定了 PWM 的电平打开时间。TCNTBn 和 TCMPBn 这两个寄存器实现了双缓冲的功能，可以在定时周期的中间来设定定时器的参数。当前定时周期结束以后，新的参数值就开始起作用。

PWM 定时器工作过程如下。

① 设置定时器工作模式为自动重载，设置定时器计数缓冲寄存器 TCNTBn 和比较缓冲寄存器 TCMPBn 的初值。

② 定时器启动，TCNTBn 把计数初值下载到递减计数器 TCNTn 中。TCMPBn 把其初始值下载到比较寄存器 TCMPNn 中，TCNTn 开始减 1 计数，并将该值和 TCMPBn 的值进行比较。

③ 当定时器的递减计数器的值和比较寄存器的值相匹配的时候，定时器控制逻辑将输出电平翻转。若以前为高电平则转为低电平；若以前为低电平则转为高电平。同时，TCNTn 继续减 1 计数。

④ 当递减计数器的计数值达到 0 时，如果定时器中断被使能，则产生定时器中断请求。

⑤ 在自动加载模式下，TCNTBn 和 TCMPBn 把初值重新下载到 TCNTn 和 TCMPBn 中，定时器继续工作，递减计数器进行减 1 计数。如果没有自动重载，定时器结束工作。

4.5.2 PWM 寄存器

S5PV210 的 PWM 控制器一共有 18 个寄存器，下面对常用的几个寄存器进行介绍。

（1）定时器配置寄存器 TCFG0。TCFG0 寄存器的定义如表 4-5-1 所示。

表 4-5-1　TCFG0 寄存器的定义

TCFG0	位	描述	初始状态
Reserved	[31:24]	Reserved Bits	0x00
Dead zone length	[23:16]	Dead zone length	0x00
Prescaler 1	[15:8]	Prescaler 1 value for Timer 2,3 and 4	0x01
Prescaler 0	[7:0]	Prescaler 0 value for Timer 0 and 1	0x01

（2）定时器配置寄存器 TCFG1。TCFG1 寄存器的定义如表 4-5-2 所示。

表 4-5-2　TCFG1 寄存器的定义

TCFG1	位	描述	初始状态
Reserved	[31:24]	Reserved Bits	0x00
Divider MUX4	[19:16]	Selects Mux input forPWM Timer 4 0000=1/1 0001=1/2 0010=1/4 0011=1/8 0100=1/16 0101=SCLK_PWM	0x00

TCFG1	位	描述	初始状态
Divider MUX3	[15:12]	Selects Mux input forPWM Timer 3 0000=1/1 0001=1/2 0010=1/4 0011=1/8 0100=1/16 0101=SCLK_PWM	0x00
Divider MUX2	[11:8]	Selects Mux input forPWM Timer 2 0000=1/1 0001=1/2 0010=1/4 0011=1/8 0100=1/16 0101=SCLK_PWM	0x00
Divider MUX1	[7:4]	Selects Mux input forPWM Timer 1 0000=1/1 0001=1/2 0010=1/4 0011=1/8 0100=1/16 0101=SCLK_PWM	0x00
Divider MUX0	[3:0]	Selects Mux input forPWM Timer 0 0000=1/1 0001=1/2 0010=1/4 0011=1/8 0100=1/16 0101=SCLK_PWM	0x00

（3）定时器控制寄存器 TCON。定时器控制寄存器主要用于自动重载、定时器自动更新、定时器启停、输出翻转控制灯。定时器控制寄存器的定义如表 4-5-3 所示。

表 4-5-3　TCON 寄存器的定义

TCON	位	描述	初始状态
Reserved	[31:23]	Reserved Bits	0x000
Timer 4 Auto Reload on/off	[22]	0=One-Shot 1=Interval Mode(Auto-Reload)	0x0
Timer 4 Manual Update	[21]	0=No Operation 1=Update TCNTB4	0x0

续表

TCON	位	描述	初始状态
Timer 4 Start/Stop	[20]	0=Stop 1=Start Timer4	0x0
Timer 3　Auto Reload on/off	[19]	0=One-Shot 1=Interval Mode(Auto-Reload)	0x0
Timer 3 Output Inverter on/off	[18]	0=Inverter Off 1=TOUT_3 Inverter-On	0x0
Timer 3 Manual Update	[17]	0=No Operation 1=Update TCNTB3	0x0
Timer 3 Start/Stop	[16]	0=Stop 1=Start Timer 3	0x0
Timer 2　Auto Reload on/off	[15]	0=One-Shot 1=Interval Mode(Auto-Reload)	0x0
Timer 2 Output Inverter on/off	[14]	0=Inverter Off 1=TOUT_2 Inverter-On	0x0
Timer 2 Manual Update	[13]	0=No Operation 1=Update TCNTB2,TCMPB2	0x0
Timer 2 Start/Stop	[12]	0=Stop 1=Start Timer 2	0x0
Timer 1　Auto Reload on/off	[11]	0=One-Shot 1=Interval Mode(Auto-Reload)	0x0
Timer 1 Output Inverter on/off	[10]	0=Inverter Off 1=TOUT_3 Inverter-On	0x0
Timer 1 Manual Update	[9]	0=No Operation 1=Update TCNTB1,TCMPB1	0x0
Timer 1 Start/Stop	[8]	0=Stop 1=Start Timer 1	0x0
Reserved	[7:5]	Reserved Bits	0x0
Dead Zone Enable Disable	[4]	Dead Zone Generator Enable/Disable	0x0
Timer 0 Auto Reload on/off	[3]	0=One-Shot 1=Interval Mode(Auto-Reload)	0x0
Timer 0 Output Inverter on/off	[2]	0=Inverter Off 1=TOUT_0 Inverter-On	0x0
Timer 0 Manual Update	[1]	0=No Operation 1=Update TCNTB0,TCMPB0	0x0
Timer 0 Start/Stop	[0]	0=Stop 1=Start Timer0	0x0

　　自动重载功能在 TCNTn 的值等于 0 的时候，把 TCNTBn 的值装入 TCNTn。只有当自动重载功能被使能，并且 TCNTn 的值等于 0 的时候才能自动重载。因此当递减计数器的值达到 0 时会发生定时器自动重载操作，所有 TCNTn 的初始值必须由用户提前定义好，在这种情况下就需要通过手动更新位重载初始值。

　　定时器的启动定时一般需要以下几个步骤。

　　① 向 TCNTBn 和 TCMPBn 写入初始值；

　　② 置位响应定时器的手动更新位，不管是否使用反转功能，推荐设置反转位；

　　③ 置位响应定时器的启动位以启动定时器，此时再清除手动更新位；

　　④ 如果定时器被强制停止，TCNTn 保持原来的值而不从 TCNTBn 重载值。如果要设置 1 个新的值，必须执行手动更新操作。

　　（4）定时器 N 计数缓冲寄存器 TCNTBn。TCNTBn 寄存器用于 PWM 定时器的时间计数。该寄存器一共 5 个，分别为 TCNTB0～TCNTB4，对应的地址为 0xE250_000C、0xE250_0018、0xE250_0024、0xE250_0030 和 OxE250_003C。TCNTBn 寄存器的定义如表 4-5-4 所示。

表 4-5-4　TCNTBn 寄存器的定义

TCNTBn	位	描述	初始状态
Timer n Count Buffer	[31:0]	Timer n Count Buffer Register	0x0000_0000

　　（5）定时器 n 比较缓冲寄存器 TCMPBn。该寄存器用于 PWM 波形输出占空比的设置。该寄存器一共有 4 个，分别是 TCMPB0～TCMPB3，对应的地址为 0Xe250_0010、0Xe250_001C、0Xe250_0028、0Xe250_0034。TCMPBn 寄存器的定义如表 4-5-5 所示。

表 4-5-5　TCMPBn 寄存器的定义

TCMPBn	位	描述	初始状态
Timer n Compare Buffer	[31:0]	Timer n Compare Buffer Register	0x0000_0000

4.5.3　PWM 定时器实例

　　（1）任务描述

　　终端会不断地打印数字 1、2、3、4…，频率为每秒打印 1 次。

　　（2）核心代码

　　① main.c

```
int main(void)
{
    // 初始化串口
    uart_init();
    // 中断相关初始化
    system_initexception();
    // 设置 timer
    timer_request();
    while(1);
}
```

主函数的功能有：第一步初始化串口；第二步中断相关初始化；第三步设置 timer，函数 timer_request()的定义位于 timer.c 中；第四步死循环，等待 timer 中断的发生。

② timer.c

```
void pwm_stopall(void);
void timer_request(void);
void irq_handler(void);
void timer_init(unsigned long utimer,unsigned long uprescaler,unsigned
long udivider,unsigned long utcntb,unsigned long utcmpb);
void irs_timer();
// 用于记录中断发生的次数
int counter;
void timer_request(void)
{
  printf("\r\n###########Timer test###########\r\n");
  // 禁止所有 timer
  pwm_stopall();
  counter = 0;
  // 设置 timer0 中断的中断处理函数
  intc_setvectaddr(NUM_TIMER0,irs_timer);
      // 使能 timer0 中断
  intc_enable(NUM_TIMER0);
  // 设置 timer0
  timer_init(0,65,4,62500,0);
}
// 停止所有 timer
void pwm_stopall(void)
{
  TCON = 0;
}
// timer0 中断的中断处理函数
void irs_timer()
{
  unsigned long uTmp;
  //清 timer0 的中断状态寄存器
  uTmp = TINT_CSTAT;
  TINT_CSTAT = uTmp;
      // 打印中断发生次数
  printf("Timer0IntCounter = %d \r\n",counter++);
      // vic 相关的中断清除
  intc_clearvectaddr();
}
void timer_init(unsigned long utimer,unsigned long uprescaler,unsigned
long udivider,unsigned long utcntb,unsigned long utcmpb)
{
  unsigned long temp0;

    // 定时器的输入时钟 = PCLK / ( {prescaler value+1} ) / {divider
value} = PCLK/(65+1)/16=62500hz
```

```
    //设置预分频系数为 66
    temp0 = TCFG0;
    temp0 = (temp0 & (~(0xff00ff))) | ((uprescaler-1)<<0);
    TCFG0 = temp0;
// 16 分频
    temp0 = TCFG1;
    temp0 = (temp0 & (~(0xf<<4*utimer))& (~(1<<20))) |(udivider<<4*utimer);
    TCFG1 = temp0;
    // 1s = 62500hz
    TCNTB0 = utcntb;
    TCMPB0 = utcmpb;
    // 手动更新
    TCON |= 1<<1;
    // 清手动更新位
    TCON &=~(1<<1);
    // 自动加载和启动 timer0
    TCON |= (1<<0)|(1<<3);
    // 使能 timer0 中断
    temp0 = TINT_CSTAT;
    temp0 = (temp0 & (~(1<<utimer)))|(1<<(utimer));
    TINT_CSTAT = temp0;
}
```

编译代码，将其烧写到开发板中就可以观察到程序的运行效果，如图 4-5-2 所示。

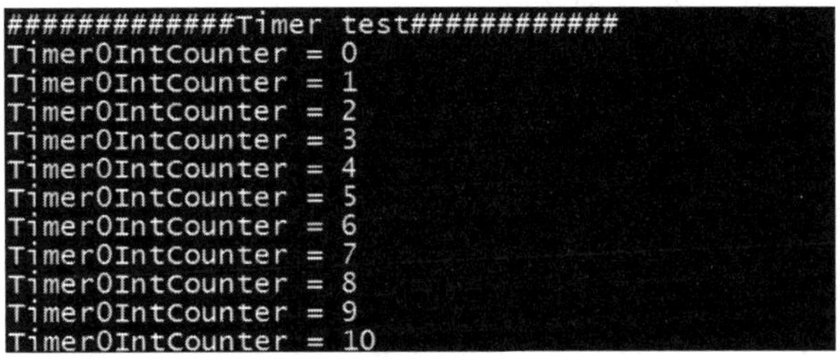

图 4-5-2   运行结果

💡 **知识梳理** ···

1. S5PV210 是韩国三星公司推出的一款高效率、高性能、低功耗的 32 位 RISC 处理器。

2. S5PV210 采用了 ARM Cortex-A8 内核，ARM V7 指令集，主频可达 1GHz。

3. S5PV210 处理器主要由 6 大部分组成，分别是 CPU 内核、系统外设、多媒体、电源管理、存储器接口和连接模块。

4. S5PV210 具有 32 位地址总线，寻址空间为 4GB，存储器地址空间为 7 个部分，从下往上分别是引导区、动态随机存储器（DRAM）区、静态只读存储器（SROM）区、FLASH 区、音频存储区、隔离 ROM 区和特殊功能寄存器区。

5. S5PV210 的时钟系统包括三个时钟域，分别是主系统时钟域（MSYS）、显示相关的时钟域（DSYS）、外围设备的时钟域（PSYS）。

6. S5PV210 共有 237 个多功能输入/输出引脚和 142 个存储器引脚，可分为 34 个通用输入/输出组和 2 个存储器组。

知识巩固

1. 简答题

（1）S5PV210 由哪几个模块组成？

（2）S5PV210 有哪几种功耗模式？

（3）S5PV210 支持哪几种存储器类型，各有什么特点？

（4）S5PV210 的存储空间如何分配？

（5）S5PV210 的启动流程是什么？

（6）什么是 PLL？S5PV210 有哪几种时钟域？

（7）什么是 GPIO？

（8）S5PV210 的 GPIO 有几种寄存器，各有什么功能？

（9）S5PV210 完整的中断处理过程是什么？

（10）什么是 UART？

（11）异步串行通信数据格式是什么？

（12）S5PV210 的 PWM 定时器工作流程是什么？

（13）什么是 PWM 定时器的自动重载？

2. 思考题

（1）在某电路中，LED1 和 LED2 分别接到 S5PV210 的 GPC0_3 和 GPC0_4 引脚。当 GPIO 引脚输出高电平时，LED 灯亮，反之，则灯熄灭。编写程序，循环点亮 LED1 和 LED2。

（2）某系统中，两个案件 KEY1 和 KEY2 分别与 S5PV210 芯片的 GPH0_4 和 GPH0_5 相连接，分别将此两个引脚外部中断 EXT_INT[0]和 EXT_INT[1]，编写程序，初始化这两个按键中断。

项目 5

系统移植

知识能力与目标

▰▰ 掌握 BootLoader 基本知识；

▰▰ 了解 U-Boot 移植；

▰▰ 了解 Linux 内核移植；

▰▰ 了解 YAFFS2 文件系统的制作。

任务 5.1　移植 U-Boot

5.1.1　认识 BootLoader

BootLoader 就是在操作系统内核运行的一段小程序，类似于 PC 机中的 BIOS 程序。通过这段小程序，我们可以初始化硬件设备、建立内存空间映射关系，将系统的软硬件环境带到一个合适状态，为最终加载系统内核做好准备。

对于嵌入式系统，BootLoader 是基于特定硬件平台来实现的。因此，几乎不可能为所有嵌入式系统建立一个通用的 BootLoader，不同的处理器架构有不同的 BootLoader。BootLoader 不但依赖于 CPU 的体系结构，而且依赖于嵌入式系统板级设备的配置。对于两块不同的嵌入式板而言，即使它们使用同一种处理器，要想让运行在一块板子上的 BootLoader 程序也能运行在另一块板子上，一般也需要修改 BootLoader 源程序。反过来，大多数 BootLoader 仍然具有很多共性，某些 BootLoader 也能支持多种体系结构的嵌入式系统。例如，U-Boot 就同时支持 PowerPC、ARM、MIPS 和 X86 等体系结构。

（1）BootLoader 的工作模式

大多数 BootLoader 都包含两种不同的操作模式：启动加载模式和下载模式。这种区别仅对开发人员才有意义。

① 启动加载模式。这种模式也称为"自主"模式。也就是 BootLoader 从目标机上的某个固态存储设备上将操作系统加载到 RAM 中运行，整个过程并没有用户的介入。这种模式是嵌入式产品发布时的通用模式。

② 下载模式。在这种模式下，目标机上的 BootLoader 将通过串口连接或网络连接等通信手段从主机（Host）下载文件，比如下载内核映像和根文件系统映像等。从主机下载的文件通常首先被 BootLoader 保存到目标机的 RAM 中，然后再被 BootLoader 写入到目标机上的 Flash 类固态存储设备中。BootLoader 的这种模式在系统更新时使用。工作于这种模式下的 BootLoader 通常都会向它的终端用户提供一个简单的命令行接口。

（2）BootLoader 的启动流程

BootLoader 的启动流程一般分为 2 个阶段：stage1 和 stage2。下面分别对这两个阶段进行讲解。

① BootLoader 的 stage1

在 stage1 中主要完成以下工作。

● 基本的硬件初始化，包括屏蔽所有的中断、设置 CPU 的速度和时钟频率、RAM 初始化、初始化外围设备、关闭 CPU 内部指令和数据 cache 等；

● 为加载 stage2 准备 RAM 空间，通常为了获得更快的执行速度，通常把 stage2 加载到 RAM 空间中来执行，因此必须为加载 BootLoader 的 stage2 准备好一段可用的 RAM 空间；

● 复制 stage2 到 RAM 中，在这里要确定两点：一是 stage2 的可执行映像在固态存储设备的存放起始地址和终止地址；二是 RAM 空间的起始地址；

● 设置堆栈指针 sp，这是为执行 stage2 的 C 语言代码做好准备。

② BootLoader 的 stage2

在 stage2 中 BootLoader 主要完成以下工作。

● 用汇编语言跳转到 main 入口函数。

由于 stage2 的代码通常用 C 语言来实现，目的是实现更复杂的功能和取得更好的代码可读性和可移植性。但是与普通 C 语言应用程序不同的是，在编译和链接 BootLoader 这样的程序时，不能使用 glibc 库中的任何支持函数。

● 初始化本阶段要使用到的硬件设备，包括初始化串口、初始化计时器等。在初始化这些设备之前可以输出一些打印信息。

● 检测系统的内存映射，所谓内存映射就是指在整个 4GB 物理地址空间中指出哪些地址范围被分配用来寻址系统的内存。

● 加载内核映像和根文件系统映像，这里包括规划内存占用的布局和从 Flash 上复制数据。

● 设置内核的启动参数。

（3）常见的 BootLoader

目前，在嵌入式系统领域，常用的 BootLoader 有以下几种。

① Redboot。Redboot（Red Hat Embedded Debug and Bootstrap）是美国 Red Hat 公司开发的一个独立运行在嵌入式系统上的 BootLoader 程序，是目前比较流行的一个功能强大、可移植性好的 BootLoader。Redboot 是一个采用 ECos 开发环境开发的应用程序，并采用了 ECos 的硬件抽象层作为基础，但它完全可以摆脱 ECos 环境运行，可以用来引导任何其他的嵌入式操作系统，如 Linux、Windows CE 等。

Redboot 支持的处理器构架有 ARM、MIPS、MN10300、PowerPC、Renesas SHx、v850、x86 等，是一个完善的嵌入式系统 BootLoader。

Redboot 是在 ECOS 的基础上剥离出来的，继承了 ECOS 的简洁、轻巧、可灵活配置、稳定可靠等品质优点。它可以使用 X-modem 或 Y-modem 协议经由串口下载，也可以经由以太网口通过 BOOTP/DHCP 服务获得 IP 参数，使用 TFTP 方式下载程序映像文件，常用于调试支持和系统初始化（Flash 下载更新和网络启动）。Redboot 可以通过串口和以太网口与 GDB 进行通信，调试应用程序，甚至能中断被 GDB 运行的应用程序。Redboot 为管理 FLASH 映像、映像下载、Redboot 配置以及其他如串口、以太网口提供了一个交互式命令行接口，自动启动后，REDBOOT 用来从 TFTP 服务器或者从 Flash 下载映像文件加载系统的引导脚本文件保存在 Flash 上。

② Blob。Blob（Boot Loader Object）是由 Jan-Derk Bakker 和 Erik Mouw 发布的，是专门为 StrongARM 构架下的 LART 设计的 Boot Loader。

Blob 也提供两种工作模式，在启动时处于正常的启动加载模式，但是它会延时 10 秒等待终端用户按下任意键后将 Blob 切换到下载模式。如果 10 秒内没有用户按键，Blob 继续启动 Linux 内核。其基本功能为：

● 初始化硬件（CPU 速度、存储器、中断、RS232 串口）；

● 引导 Linux 内核并提供 ramdisk；

● 给 LART 下载一个内核或者 ramdisk；

● 给 FLASH 片更新内核或者 ramdisk；

● 测定存储配置并通知内核；

● 给内核提供一个命令行。

　　Blob 功能比较齐全，代码较少，比较适合做修改移植，用来引导 Liunx，目前大部分 S3C44B0 板都用 Blob 修改移植后来加载 μClinux。

　　③ vivi。vivi 是韩国 MIZI Research 公司为其开发的 SMDK2410 开发板编写的一款 BootLoader，目前的版本是 0.1.4。vivi 也有前面说过的两种工作模式，启动加载模式可以在一段时间（这个时间可更改）后自行启动 Linux 内核，这是 vivi 的默认模式。在下载模式下，vivi 为用户提供一个命令行接口，通过该接口可以使用 vivi 提供的一些命令。

　　④ U-Boot。U-Boot 全称 Universal Boot Loader，是遵循 GPL 条款的开放源码项目，从 FADSROM、8xxROM、PPCBOOT 逐步发展演化而来，1999 年由德国 DENX 软件工程中心的 Wolfgang Denk 发起。U-Boot 不仅仅支持嵌入式 Linux 系统的引导，它还支持 NetBSD、VxWorks、QNX、RTEMS、ARTOS、LynxOS 嵌入式操作系统等。U-Boot 除了支持 PowerPC 系列的处理器外，还能支持 MIPS、X86、ARM、NIOS、XScale 等诸多常用系列的处理器。U-Boot 项目的开发目标即支持尽可能多的嵌入式处理器和嵌入式操作系统。就目前来看，U-Boot 支持的处理器最为丰富，对 Linux 的支持最完善。

　　在嵌入式系统领域广泛应用的 U-Boot 具有以下特点。

- 开放源码；
- 支持多种嵌入式操作系统内核；
- 支持多个处理器内核；
- 较高的可靠性和稳定性；
- 高度灵活的功能设置，适合 U-Boot 调试、满足操作系统不同引导要求、产品发布等；
- 丰富的设备驱动源码，如串口、以太网、SDRAM、FLASH、LCD、NVRAM、EEPROM、RTC、键盘等；
- 较为丰富的开发调试文档与强大的网络技术支持。

5.1.2　U-Boot 分析

　　U-Boot 目前有很多的版本，它的源码可以在官方网站下载得到。U-Boot 源码目录与 Linux 内核很相似，事实上，不少 U-Boot 源码就是相应的 Linux 内核源码程序的简化，尤其是一些设备的驱动程序。

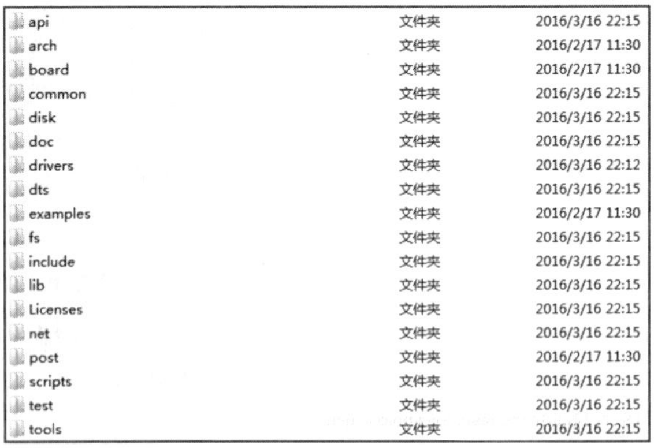

图 5-1-1　U-Boot 源码结构

　　（1）U-Boot 源码结构

　　下面分析一下 U-Boot 的源码构成，熟悉 U-Boot 源代码组织。将 U-Boot 解压后的源码目录结构如图 5-1-1 所示。

　　各个文件夹的功能如表 5-1-1 所示。

表 5-1-1　U-Boot 主要目录结构

目录名	描述
api	此目录下存放 u-boot 向外提供的接口函数
arch	与体系结构相关的代码，核心文件夹。s5p4418 是 arm 体系结构。

续表

目录名	描述
board	此文件夹是根据不同的具体开发板而定制的代码
common	通用代码，涵盖各个方面，以命令行处理为主
disk	磁盘分区相关代码
doc	常见功能和问题的说明文档，一堆 README 开头的文件
drivers	常用的设备驱动程序，每个类型的设备驱动占用一个子目录
examples	示例程序
fs	文件系统，支持嵌入式开发常见的 fs(cramfs,ext2,ext3,jffs2,etc)
include	存放 U-Boot 使用的头文件，包括不同的硬件架构的头文件
lib	通用库文件
net	网络相关的代码，小型的协议栈
post	Power On Self Test，上电自检
Tools	辅助程序，用于编译和检查 u-Boot 目标文件

（2）U-Boot 重要代码

在 U-Boot 的这些源码中，以 S5PV210 为例的几个比较重要的源文件如下。

① Start.S（cpu\s5pc11x\start.S）。通常情况下 start.S 是 U-Boot 上电后执行的第一个源文件。该汇编文件定义了异常向量入口、相关的全局变量、禁用 L2 缓存、关闭 MMU 等。

② board.c（lib_arm/board.c）。board.c 主要实现了 U-Boot 第二阶段启动过程，包括初始化环境变量、串口控制台、FLASH 和打印调试信息等，最后调用 main_loop()函数。

③ smdkv210single.h（include\configs\smdkv210single.h）。该文件与具体平台相关，是目前平台的配置文件，该源文件采用宏定义了一些与 CPU 或者外设相关的参数。

5.1.3　移植 U-Boot

下面以韩国三星公司的 U-Boot android_uboot_smdkv210.tar.bz2 移植到 S5PV210 平台为例，讲解 U-Boot 的移植步骤。

① 下载三星公司提供的 android_uboot_smdkv210.tar.bz2 源代码包，然后解压，进入目录。

```
# tar jxvf android_uboot_smdkv210.tar.bz2 -C /home/
# cd /home/u-boot-samsung-dev
```

② 修改 Makefile 文件。在 147 行，将 CROSS_COMPILE 的值修改为 arm-none-linux-gnueabi-。如图 5-1-2 所示。

③ 回到 u-boot-samsung-dev 根目录，查看 Makefile 文件。如图 5-1-3 所示。

④ 编译源码之前，先进行配置，输入命令：

```
# make smdkv210single_config
```

⑤ 配置完毕，使用 make 命令编译。

```
# make
```

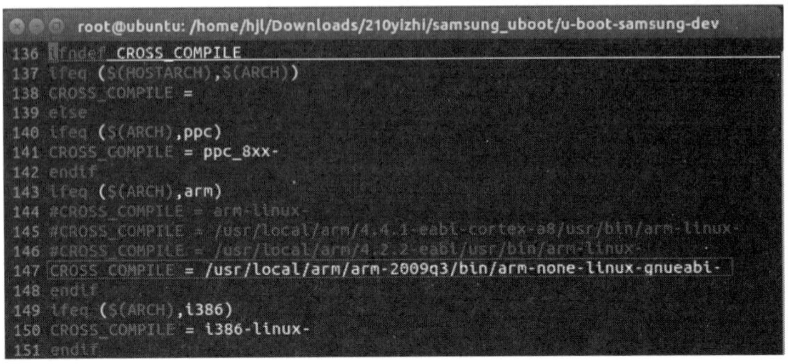

图 5-1-2　修改 makefile

图 5-1-3　回查 makefile

⑥ 编译完成后，在 u-boot-samsung-dev 目录下生成 u-boot.bin 文件，将该文件拷贝到 SD 卡上，然后烧写到开发板中。

任务 5.2　移植 Linux 内核

5.2.1　认识 Linux 内核

（1）Linux 内核概述

Linux 有桌面版本和内核版本两种，桌面版本是面向 PC 用户的版本，有 RedHat、Fedora、Ubuntu、Debian、RHEL、Gentoo 等。Linux 内核指的是所有 Linux 系统的中心软件组件，是一个提供硬件抽象层、磁盘及文件系统控制、多任务等功能的系统软件，一个内核不是一套完整的操作系统。一套建立在 Linux 内核的完整操作系统叫 Linux 操作系统。移植 Linux 指的是移植内核到目标平台。

Linux 内核主要功能包括：进程管理、内存管理、文件管理、设备管理、网络管理。

① 进程管理　进程是计算机系统的最小单元。内核负责创建和销毁进程，而且由调度程序采取合适的调度策略，实现进程之间的合理且实时的处理器资源的共享，内核的进程管理活动实现了多个进程在一个或多个处理器之上的抽象。内核还负责实现不同进程之间、进程和其他部件之间的通信。

② 内存管理　内存是计算机系统中最主要的资源。内核使得多个进程安全而合理地共享内存资源，为每个进程在有限的物理资源上建立一个虚拟地址空间。内存管理部分代码可以分为硬件无关部分和硬件有关部分：硬件无关部分实现进程和内存之间的地址映射

等功能；硬件有关部分实现不同体系结构上的内存管理相关功能并为内存管理提供硬件无关的虚拟接口。

③ 文件管理　在 Linux 系统中的任何一个概念几乎都可以看做一个文件。内核在非结构化的硬件之上建立了一个结构化的虚拟文件系统，隐藏了各个硬件的具体细节。从而在整个系统的几乎所有机制中使用文件的抽象。Linux 在不同物理介质或虚拟结构上支持数十种文件系统。

④ 设备管理　Linux 系统中几乎每个系统操作最终都映射到一个或多个物理设备上。除了处理器、内存等少数的硬件资源之外，任何一种设备控制操作都由设备特定的驱动代码来进行。内核中必须提供系统中可能要操作的每一种外设的驱动。

⑤ 网络管理　内核支持各种网络标准协议和网络设备。网络管理部分可分为网络协议栈和网络设备驱动程序。网络协议栈负责实现每种可能的网络传输协议（TCP/IP 协议等）；网络设备驱动程序负责与各种网络硬件设备或虚拟设备进行通信。

Linux 内核发展历程如表 5-2-1 所示。

表 5-2-1　Linux 内核发展历程

版本	时间	特点
0.1	1991.1	最初的原型
1.0	1994.3	包含了对 386 的官方支持，仅支持单 CPU 系统
1.2	1995.3	第一个包含多平台支持的版本（Alpha，MIPS 等）
2.0	1996.6	第一个支持 SMP（对称多处理机系统）的系统
2.2	1998.1	极大提升 SMP 系统上的 Linux 的性能，支持更多的硬件
2.4	2001.1	进一步提升 SMP 系统的扩展性，对桌面系统的支持更好
2.6	2003.12	无论对企业服务器还是嵌入式应用，都是一个巨大的进步
3.0	2012.8	正式推出 3.0 版本内核，标志进入一个新时代

Linux 内核版本号说明如下：

例如版本号为 2.6.35，其中，2 是主版本号，6 是次版本号，35 是修订版本号。如果次版本号是偶数，说明是稳定版本。如果次版本号是奇数，则是开发版本，一般使用稳定版本。

（2）Linux 内核源码结构

Linux 内核源码，可以去官方网站下载。在官网上，内核有以下三种版本。

① mainline 是主线版本。

② stable 是稳定版，由 mainline 在时机成熟时发布，稳定版也会在相应版本号的主线提供 bug 修复和安全补丁，但由于内核社区人力有限，因此较老版本会停止维护。标记为 EOL（End of Life）的版本表示不再支持的版本。

③ longterm 是长期支持版。长期支持版的内核等到不再支持时，也会标记 EOL。

Linux 内核文件有 3 万多个，除去其他架构 CPU 的文件，支持 S5PV210 微处理器的内核文件有 800 多个。Linux 文件组织结构并不复杂，分别位于顶层目录下的 21 个子目录，各个目录互相独立，与内核相关的目录如表 5-2-2 所示。

表 5-2-2　Linux 内核子目录结构

目录名	描述
/arch	不同 CPU 架构下的核心代码。其中的每一个子目录都代表 Linux 支持的 CPU 架构
/block	块设备通用函数
/crypto	常见的加密算法的 C 语言实现代码，譬如 crc32、md5、sha1 等
/Documentation	说明文档，对每个目录的具体作用进行说明
/drivers	内核中所有设备的驱动程序，其中的每一个子目录对应一种设备驱动
/firmware	固件代码
/fs	Linux 支持的文件系统代码，及各种类型的文件的操作代码，每个子目录都代表 Linux 支持的一种文件系统类型
/include	内核编译通用的头文件
/init	内核初始化的核心代码
/ipc	内核中进程间的通信代码
/kernel	内核的核心代码，此目录下实现了大多数 Linux 系统的内核函数。与处理器架构相关的内核代码在/kernel/$ARCH/kernel
/lib	内核共用的函数库，与处理器架构相关的库在/kernel/$ARCH/lib
/mm	内存管理代码，譬如页式存储管理内存的分配和释放等。与具体处理器架构相关的内存管理代码位于/arch/$ARCH/mm 目录下
/net	网络通信相关代码
/samples	示例代码
/scripts	用于内核配置的脚本文件，用于实现内核配置的图形界面
/security	安全性相关的代码
/tools	Linux 中的常用工具
/usr	内核启动相关的代码
/virt	内核虚拟机相关的代码

（3）Linux 内核的 Makefile 结构

在 Linux 内核源码的各级目录中含有很多个 Makefile 文件，有的还要包含其他的配置文件或规则文件。所有这些文件一起构成了 Linux 的 Makefile 体系，如表 5-2-3 所示。

表 5-2-3　Linux 内核 Makefile 体系

目录名	描述
顶层 Makefile	Makefile 体系的核心，从总体上控制内核的编译、链接
.config	配置文件，在配置内核时生成。所有的 Makefile 文件都根据.config 的内容来决定使用哪些文件
arch/$(ARCH)/Makefile	与体系结构相关的 Makefile，用来决定由哪些体系结构相关的文件参与生成内核
acripts/Makefile.*	所有 Makefile 共用的通用规则、脚本等
Kbuild Makefile	各级子目录下的 Makefile，它们被上一层 Makefile 调用以编译当前目录下的文件

Makefile 编译、链接的大致工作流程如下。

① 内核源码根目录下的.config 文件中定义了很多变量，Makefile 通过这些变量的值来决定源文件编译的方式（编译进内核、编译成模块、不编译），以及涉及哪些子目录和源文件。

② 根目录下的顶层 Makefile 决定根目录下有哪些子目录将被编译进内核，arch/$(ARCH)/Makefile 决定 arch/$(ARCH)目录下哪些文件和目录被编译进内核。

③ 各级子目录下的 Makefile 决定所在目录下的源文件的编译方式，以及进入哪些子目录继续调用它们的 Makefile。

④ 在顶层 Makefile 和 arch/$(ARCH)/Makefile 中还设置了全局的编译、链接选项。CFLAGS（编译 C 文件的选项）、LDFLAGS（链接文件的选项）、AFLAGS（编译汇编文件的选项）、ARFLAGS（制作库文件的选项）。

⑤ 各级子目录下的 Makefile 可设置局部的编译、链接选项；EXTRA_CFLAGS、EXTRA_LDFLAGS、EXTRA_AFLAGS、EXTRA_ARFLAGS。

⑥ 最后，顶层 Makefile 按照一定的顺序组织文件，跟进链接脚本生成内核映像文件。

5.2.2 移植 Linux 内核

从 Kernel 官方维护网站上下载 2.6.35.8 的源代码，解压后查看 arch/arm/目录下已经包含了三星 S5PV210 的支持，即三星官方评估开发 SMDK210 的相关文件 mach-smdkv210 了，具体移植步骤如下。

① 登录官方维护网站下载 linux-2.6.35.7. tar.bz2 源码包，解压到工作目录。

```
ypi@ypi-virtual-machine:~$ tar xzvf  linux-2.6.35.7.tar.bz2
ypi@ypi-virtual-machine:~$ cd  linux-2.6.35.7/
```

解压后的文件如图 5-2-1 所示。

图 5-2-1　内核文件

② 修改 Linux 内核源码顶层的 Makefile 文件中的两个地方，分别用来确定目前移植 Linux 系统的硬件 ARCH 以及交叉编译器 CROSS_COMPILE。

```
export KBUILD_BUILDHOST:=$ (SUBARCH)
ARCH       ?=arm
CROSS_COMPILE ?=arm-linux-gnueabl-
```

③ 由于本开发板采用的是韩国三星公司的 S5PV210 芯片，因此，Linux 内核配置目录下的 arch/arm/configs/s5pv210_defconfig 文件可作为开发板的配置文件。拷贝 s5pv210_defconfig 到 Linux 内核目录下，改名为：.config。然后加载配置文件".config"。

在虚拟机终端运行"make menuconfig"命令，弹出 Linux 内核配置菜单，在配置菜单中将光标移动到底部，单击"Load an Alternate Configuration File"，选择刚才拷贝的.config 文件。如图 5-2-2 所示。

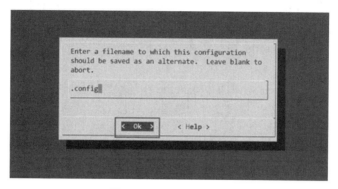

图 5-2-2　内核配置

④ 返回配置菜单主页面，进入"System Type"菜单，选中"S3C UART to Use for low-level message"选项。

⑤ 再次返回配置菜单主页面，进入"Boot options"菜单，修改引导参数，如下所示。

```
CONFIG_CMDLINE="root=/dev/ram() initrd=0x40800000, 8M console=ttySAC2,
115200 init=/linuxrc"
```

⑥ 修改完毕，编译内核，因为第一次编译，所以编译时间比较长，命令如下。

```
~$ make zImage-j 2
```

编译成功后，在 arch/arm/boot/目录下生成 Linux 内核映像文件 zImage。

任务 5.3　制作 Linux 根文件系统

5.3.1　认识 Linux 根文件系统

根文件系统（root filessystem）是存放运行、维护系统所必需的各种工具软件、库文件、脚本、配置文件和其他特殊文件的地方，也可以安装各种软件包。Linux 启动时，第一个必需挂载的是根文件系统，若系统不能从指定设备上挂载根文件系统，则系统会出错而退出启动。成功之后可以自动或手动挂载其他的文件系统。因此，一个系统中可以同时存在不同的文件系统。

在 Linux 中将一个文件系统与一个存储设备关联起来的过程称为挂载（mount）。使用 mount 命令可以将一个文件系统附着到当前文件系统层次结构中。在执行挂载时，要提供文件系统类型、文件系统和一个挂载点。根文件系统被挂载到根目录"/"上后，在根目录下就有根文件系统的各个目录和文件如/bin、/sbin、/mnt 等，再将其他分区挂载到/mnt 目录上，/mnt 目录下就有这个分区的各个目录和文件。

Linux 根目录文件系统中一般有如下的几个目录。

① bin：该目录存放所有用户都可以使用的、基本的命令，如 cat、cp、ls、kill、mount、

mkdir 等。

② sbin：该目录存放基本的系统命令，用于启动系统、修复系统等，如 shutdown、reboot、fdisk 等。

③ dev：该目录存放设备文件，设备文件是 Linux 系统中特有的文件系统类型，在 Linux 系统下，以文件的形式访问各种外设，即通过读写某个设备文件来操作某个具体的硬件。比如通过"/dev/ttySAC0"文件可以操作串口 0，通过"/dev/mtdblock1"可以访问 MTD 设备（NAND Flash 或 Nor Flash 等）的第 2 个分区。

④ etc：该目录下存放各种配置文件，主要由 inittab、fstab、rcs、profile 来组成。

⑤ home：用户目录，它是可选的，对于每个普通用户，在 home 下面都有一个以用户名字命名的子目录，里面存放用户相关文件。

⑥ lib：该目录下存放共享库和可加载模块（即驱动程序），共享库用于启动系统、运行根文件系统中的可执行文件，比如 bin、sbin 下的程序，其他不是根文件系统所必需的库文件可以放在其他目录下，比如 usr/lib、var/lib 等。

⑦ mnt：该目录用于临时挂载某个文件系统的挂载点，通常是空目录；也可以在里面创建一些空的子目录，比如/mnt/cdram、/mnt/usb 等，用来临时挂载光盘、U 盘等。

⑧ proc：这是个空目录。该目录常作为 proc 文件系统的挂载点。proc 文件系统是一个虚拟的文件系统，它没有实际的存储设备，里面的目录、文件由内核临时生成，用来表示系统的运行状态，也可以操作其中的文件来控制系统。

⑨ tmp：临时文件目录，通常是空目录，一些需要生成临时文件的程序要用到/tmp 目录，所以/tmp 目录必须存在并可以访问。

⑩ var：存放可变的数据的目录，如 spool 目录、log 文件、临时文件等。

5.3.2 制作 YAFFS2 文件系统

所谓的制作根文件系统，就是创建各种目录并且在里面创建各种文件，比如在/bin、/sbin 目录下存放各种可执行文件，在/etc 目录下存放配置文件，在/lib 目录下存放库文件。直接拷贝宿主机上交叉编译器处的文件可以制作根文件系统，但是这种方法制作的根文件系统一般过于庞大。也可以通过一些工具，如利用 Busybox 来制作根文件系统，使其短小精炼并且运行效率较高。

（1）BusyBox 简介

BusyBox 是一个 UNIX 工具集，可以提供一百多种 GNU 常用工具、Shell 脚本工具等。BusyBox 包含一些简单的工具，如 cat 和 echo，也包含一些复杂的工具，如 grep、find、mount 以及 telnet。当这些工具被合并到一个可执行程序中时，它们就可以共享相同的代码段，从而产生较小的可执行程序。

BusyBox 仅需要几百 KB 的空间就可以运行，这使得 BusyBox 很适合嵌入式系统使用。同时，BusyBox 的安装脚本也使得它很容易建立基于 BusyBox 的根文件系统。通常只需要添加/dev、/etc 的根目录以及相关的配置脚本，就可以实现一个简单的根文件系统。

虽然 BusyBox 中的这些工具相对于 GNU 提供的常用工具有所简化，但是它们都很实用。BusyBox 充分考虑了硬件资源受限的特殊工作环境，采用模块化设计，使其很容易被定制和裁剪。BusyBox 的特色是所有命令都编译成一个可执行文件，其他命令工具（如 sh、cp 和 ls

等）都是执行 BusyBox 文件的链接。

BusyBox 源代码开放，遵守 GPL 协议，可以从官方网站下载，然后解压源码包进行配置安装，操作如下。

```
# tar-xzvf busybox-1.17.2-20101120.tgz
# cd busybox-1.17.2
# make menuconfig
# make
# make install
```

最常用的配置命令是 make menuconfig，也可以根据自己的需要来配置 BusyBox，如果希望选择尽可能多的功能，可以直接 make defconfig，它会自动配置为最大通用的配置选项，从而使得配置过程变得更加简单、快速。在执行 make 命令之前应该修改顶层 makefile 文件。将 busybox 顶层目录的 Makefile 文件的 164 行和 190 行分别作如下的修改。

```
164   CROSS_COMPILE=arm-none-Linux-gnueabl-
190    ARCH=arm
```

使用 make menuconfig 进入图形配置界面。如图 5-3-1 所示。

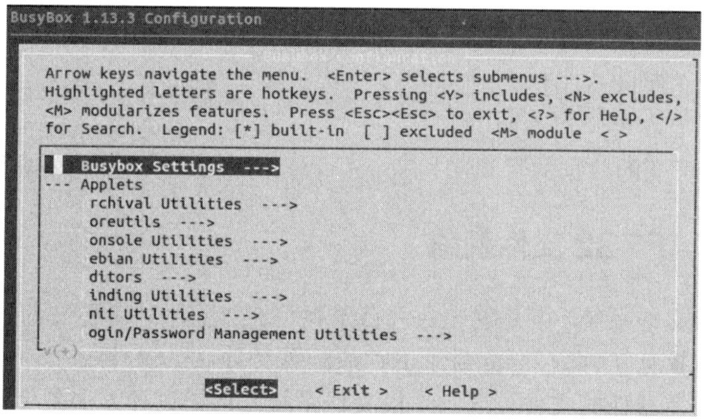

图 5-3-1　BusyBox 配置菜单

由于嵌入式设备与宿主机之间存在较大差异，因而 BusyBox 的配置选择要根据目标板的需求进行。裁剪完毕后执行 make 进行交叉编译，执行完 make install 命令后会在当前目录的 install 目录下生成 bin、sbin、linuxrc 三个文件夹。

（2）YAFFS2 文件系统的创建

创建 YAFFS2 根文件系统的步骤如下。

① 创建根目录 myrootfs，把 BusyBox 生成的三个文件复制到 myrootfs 目录下，并在此目录下分别建立 dev、lib、mnt、etc、sys、proc、usr、home、tmp、var 等目录（只有 dev、lib、sys、usr、etc 是不可或缺的，其他的目录可根据需要选择）。在 etc 目录下建立 init.d 目录。

② 建立系统配置文件 inittab、fstab、rcs，其中 inittab、fstab 放在 etc 目录下，rcs 放在/etc/init.d 目录中。

③ 创建必需的设备节点，该文件必须在/etc 目录下创建。

④ 如果 BusyBox 采用动态链接的方式编译，还需要把 BusyBox 所需要的动态库：libcrypt.so.1、libc.so.6、ldlinux.so.2 放在 lib 目录中。

```
# cp-a /tmp/Friendly ARM-lib/*.so. * ${ROOTFS}/lib
```

⑤ 改变 rcs 的属性。

⑥ 上面已经建立了跟文件目录 myroofs，然后使用 mkyaffs2imge-128M 工具，把目标文件系统目录制作成 yaffs2 格式的映像文件，当它被烧写入 NAND Flash 中启动时，整个根目录将会以 yaffs2 文件系统格式存在，这里假定默认的 Linux 内核已经支持该文件系统。

💡 知识梳理

1. BootLoader 就是在操作系统内核运行的一段小程序，类似于 PC 机中的 BIOS 程序。
2. 大多数 BootLoader 都包含两种不同的操作模式：启动加载模式和下载模式。
3. BootLoader 的启动流程一般分为 2 个阶段：stage1 和 stage2。
4. 目前，在嵌入式系统领域，常用的 BootLoader 有 Redboot、Blob、vivi、U-Boot。
5. Linux 内核指的是所有 Linux 系统的中心软件组件，是一个提供硬件抽象层、磁盘及文件系统控制、多任务等功能的系统软件，一个内核不是一套完整的操作系统。
6. Linux 内核主要功能包括：进程管理、内存管理、文件管理、设备管理、网络管理。
7. 根文件系统（root filessystem）是存放运行、维护系统所必需的各种工具软件、库文件、脚本、配置文件和其他特殊文件的地方。
8. 使用 mount 命令将一个文件系统附着到当前文件系统层次结构中。
9. 利用 Busybox 来制作根文件系统，使其短小精炼并且运行效率较高。

✏️ 知识巩固

1. 选择题

（1）嵌入式 Linux 系统移植不包括（　　　）。

　　A. bootLoader　B. Linux 内核　　　C. 根文件系统　　　　D. 应用程序

（2）以下 Linux 内核版本中，属于稳定版本的是（　　　）。

　　A. 2.1.23　　　B. 2.0.36　　　　C. 2.4.0　　　　　D. 2.3.11

2. 简答题

（1）简述嵌入式 Linux 系统移植的主要内容有哪些？

（2）简述 U-Boot 的启动流程。

（3）什么是内核？内核的主要组成部分有哪些？

（4）内核启动后，执行的第一个应用程序是哪一个应用程序？

（5）什么是文件系统？文件系统的主要功能是什么？

（6）什么是根文件系统？其主要配置目录有哪些？

（7）BootLoader 的功能是什么？列举一些常用的 BootLoader。

（8）什么是主机—目标机交叉开发模式？

项目 6

嵌入式应用开发与移植

知识能力与目标

■■■ 掌握 Qt 开发步骤；

■■■ 掌握信号与槽的概念；

■■■ 掌握 Qt 常用控件的使用；

■■■ 掌握 Qt 的移植。

Qt 是一个跨平台的 C++图形用户界面应用程序框架。使用 Qt 只需一次性开发应用程序，无需重新编写源代码，便可跨不同桌面和嵌入式操作系统部署这些应用程序。

Qt 是在 1991 年由挪威奇趣公司开发的，于 1996 年进入商业领域，成为全世界范围内数千种成功的应用程序的基础。它也是目前流行的 Linux 桌面环境 KDE 的基础，KDE 是 Linux 发行版的主要标准组件。2008 年，奇趣公司被芬兰诺基亚公司收购，Qt 成为诺基亚旗下的编程语言开发工具。从 2009 年 5 月发布的 Qt4.5 版起，诺基亚公司宣布 Qt 源代码库面向公众开放，Qt 开发人员可通过 Qt 及与其相关的项目贡献代码、翻译、示例及其他内容，协助引导和塑造 Qt 的未来发展。2011 年，Digia 公司（芬兰的一家 IT 服务公司）从诺基亚公司收购了 Qt 的商业版权。2012 年 8 月 9 日，作为非核心资产剥离计划的一部分，诺基亚公司宣布将 Qt 软件业务正式出售给 Digia 公司。2013 年 7 月 3 日，Digia 公司 Qt 开发团队在其官方博客上宣布 Qt5.1 正式版发布；同年 12 月 11 日，又发布了 Qt5.2 正式版。2014 年 4 月，跨平台集成开发环境 Qt Creator3.1.0 正式发布；同年 5 月 20 日，配套发布了 Qt5.3 正式版。至此，Qt 实现了对于 iOS、Android、WP 等各种平台的全面支持。

任务 6.1　了解 Qt 开发步骤

6.1.1　认识 Qt Creator 开发环境

下面简单介绍一下 Qt Creator 的界面组成。

打开 Qt Creator，界面如图 6-1-1 所示。它主要由主窗口区、模式选择器、常用按钮、定位器和输出面板等部分组成，简单介绍如下。

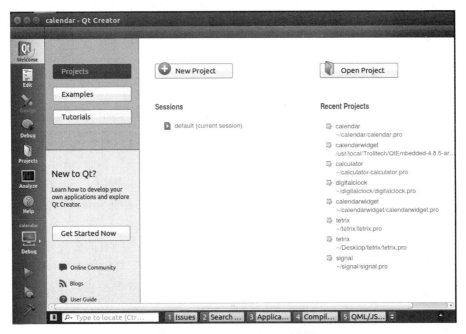

图 6-1-1　Qt Creator 界面

① 模式选择器。Qt Creator 包含欢迎、编辑、设计、调试、项目和帮助 6 个模式，各个模式完成不同的功能，也可以使用快捷键来更换模式，它们对应的快捷键依次是 Ctrl+数字 1～6。

- 欢迎模式（Welcome）。这里主要提供了一些功能的快捷入口，如新建项目、快速打开项目、打开示例程序、快速打开以前的项目等功能。
- 编辑模式（Edit）。这里主要用来查看和编辑程序代码，管理项目文件。
- 设计模式（Design）。这里可以设计图形界面，进行部件属性设置、信号和槽设置、布局设置等操作。
- 调试模式（Debug）。Qt Creator 默认使用 Gdb 进行调试，支持设置断点、单步调试和远程调试等功能，包含局部变量和监视器、断点、线程以及快照等查看窗口。
- 项目模式（Projects）。包含对特定项目的构件设置、运行设置、编辑器设置和依赖关系等页面。
- 帮助模式（Help）。在帮助模式中将 Qt 助手整合了进来，包含目录、索引、查找和书签等几个导航模式，可以在帮助中查看 Qt 和 Qt Creator 的方方面面的信息。

② 常用按钮。包含了目标选择器（Target selector）、运行按钮（Run）、调试按钮（Debug）和构建全部按钮（Build all）4 个图标。目标选择器用来选择要构建哪个平台的项目，这对于多个 Qt 库的项目很有用。这里还可以选择编译项目的 debug 版本或 release 版本。运行按钮可以实现项目的构件和运行；调试按钮可以进入调试模式，开始调试程序；构建全部按钮可以构建所有打开的项目。

③ 定位器（Locator）。在 Qt Creator 中可以使用定位器来快速定位项目、文件、类、方法、帮助文档以及文件系统。可以使用过滤器来更加准确地定位要查找的结果。

④ 输出面板（Output panes）。这里包含了构建问题、搜索结果、应用程序输出和编译输出 4 个选项，它们分别对应一个输出窗口。构建问题窗口显示程序编译时的错误和警告信息；搜索结果窗口显示执行了搜索操作后的结果信息；应用程序输出窗口显示在应用程序运行过程中输出的所有信息；编译输出窗口显示程序编译过程输出的相关信息。

6.1.2 编写第一个程序

下面以完成计算圆面积功能这一简单例子来介绍 Qt 开发程序的流程。本实例的运行效果如图 6-1-2 所示，当用户输入圆的半径后，可以显示计算后的圆的面积值。

（1）新建项目

第一步：选择项目模版。单击欢迎模式下的"New Project"按钮，在选择模板页面选择项目"Application"→"Qt Widgets Application"选项，然后单击"Choose…"按钮，如图 6-1-2 所示。

第二步：输入项目信息。在"项目介绍和项目位置"页面输入项目的名称为"CountArea"，并设置好项目保存的路径，这里将保存路径设置为"/home/ypi"，然后单击"Next"，如图 6-1-3 所示。注意，保存项目的路径中不能有中文。项目命名没有大小写要求，依据个人习惯命名即可。

第三步：选择构建套件（Kit Selection）。这里选择 4.8.5 复选框，如图 6-1-4 所示，直接单击"Next"按钮。

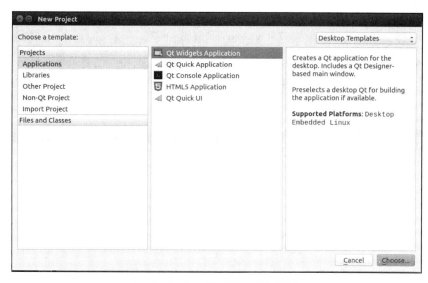

图 6-1-2　"新建项目"窗口

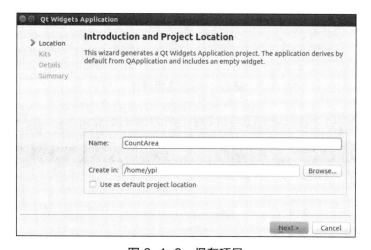

图 6-1-3　保存项目

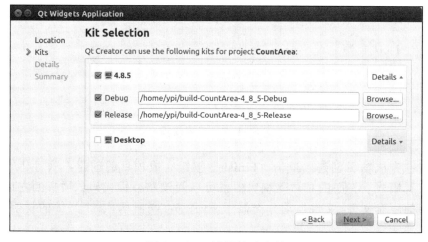

图 6-1-4　选择构建套件

第四步：输入类信息。根据实际需要，选择一个"基类"，这里选择 QDialog 对话框类作为基类，这时"类名""头文件""源程序""界面文件"都出现默认的文件名。注意，对这些文件名都可以根据具体需要进行相应的修改。默认选中"创建界面（Generate form）"复选框，表示需要采用界面设计器来设计界面，否则需要利用代码完成界面设计。如图 6-1-5 所示。

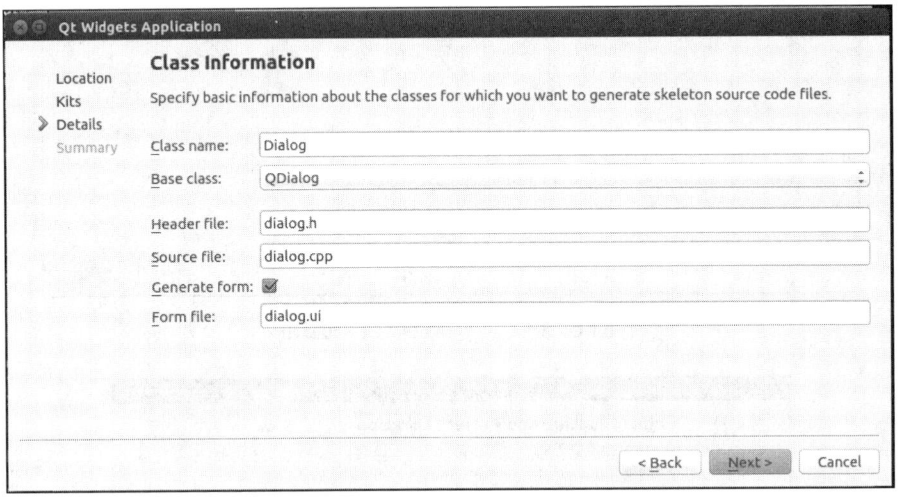

图 6-1-5　选择基类

第五步：设置项目管理。在这里可以看到这个项目的汇总信息，如图 6-1-6 所示。

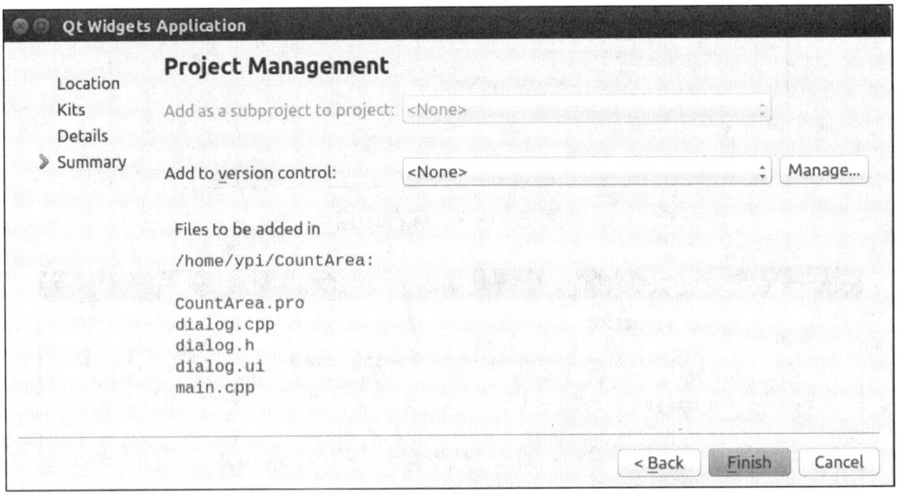

图 6-1-6　项目管理

第六步：完成项目创建。单击"Finish"按钮完成项目的创建，项目建立完成后会直接进入编辑模式。界面的右边是编辑器，可以阅读和编辑代码。项目的左边侧边栏罗列了项目中的所有文件，文件自动分类显示，如图 6-1-7 所示。各个文件的说明如表 6-1-1 所示。

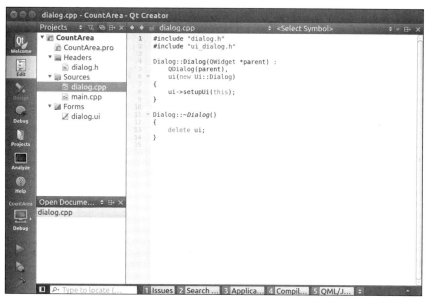

图 6-1-7　完成项目创建

表 6-1-1　项目目录中各个文件说明

文件	说明
CountArea.pro	该文件是项目文件，其中包含了项目相关的信息
dialog.h	该文件时新建的 Dialog 类的头文件
dialog.cpp	该文件时新建的 Dialog 类的源文件
main.cpp	该文件包含了一个 main()主函数
dialog.ui	该文件是界面设计文件

（2）界面设计

双击 dialog.ui，进入界面设计器 Qt Designer 编辑状态，开始进行设计器（Qt Designer）编程。

第一步：放置控件到中间的编辑区。拖拽控件容器栏的滚动条，在最后的 Display Widgets 容器栏［如图 6-1-8（a）所示］中找到 Label 标签控件，拖拽三个这样的控件到中间的编辑区中；同样，在 Input Widget 容器栏［如图 6-1-8（b）所示］中找到 Line Edit 文本控件，拖拽该控件到中间的编辑区中，用于输入半径值；在 Buttons 容器栏［如图 6-1-8（c）所示］中找到 Push Button 按钮控件，拖拽该控件到中间的编辑区中，用于提交响应单击事件。

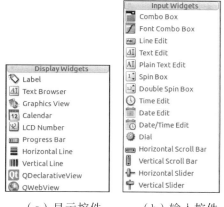

（a）显示控件　　（b）输入控件　　（c）按钮组

图 6-1-8　容器栏

调整后的界面布局如图 6-1-9 所示。

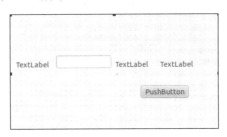

图 6-1-9　调整后的布局

第二步：对各控件的属性（如表 6-1-2）进行修改。

表 6-1-2　各控件属性

Class	text	ObjectName
QLabel	半径：	radiusLabel
QLineEdit		radiusLineEdit
QLabel	面积：	areaLabel_1
QLabel		areaLabel_2
QPushButton	计算	countBtn

将 areaLabel_2 的"frameShape"修改为 Panel；将"frameshadow"修改为 Sunken，如图 6-1-10 所示。最终效果如图 6-1-11 所示。

图 6-1-10　设置 areaLabel_2 属性

图 6-1-11　最终效果

至此，程序的界面设计已经完成。

（3）编写相应的计算圆面积代码

编写代码步骤如下。

① 在"计算"按钮上按鼠标右键，在弹出的下拉菜单中选择"go to slot…"命令，在"go to slot…"对话框中选择"clicked()"信号，单击"OK"按钮，如图 6-1-12 所示。

② 进入 dialog.cpp 文件中的按钮单击事件的槽函数 on_countBtn_clicked()。在此函数中添加如下代码：

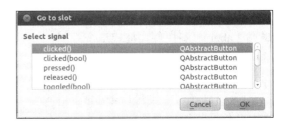

图 6-1-12　选择 clicked()信号

```
    void Dialog::on_countBtn_clicked()
    {
```

```
    bool ok;
    QString tempStr;
    QString radiuStr=ui->radiusLineEdit->text();
    int radiusInt=radiuStr.toInt(&ok);
    double area=radiusInt*radiusInt*PI;
    ui->areaLabel_2->setText(tempStr.setNum(area));
}
```

③ 在 dialog.cpp 文件开始处添加如下语句：

```
const static double PI=3.1416;
```

（4）程序编译下载与运行

① 单击左侧一栏下面的"锤子"图标，进行编译，生成可执行文件。如图 6-1-13 所示。

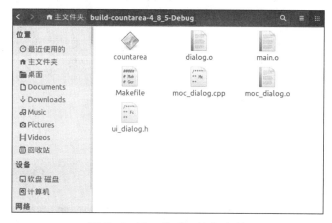

图 6-1-13　生成可执行文件

② 将编译好的程序复制到 Windows 系统下，通过串口线连接 PC 开发机（宿主机）和嵌入式设备（目标机），通过 PC 开发机超级终端进行串口通信。如图 6-1-14 所示。

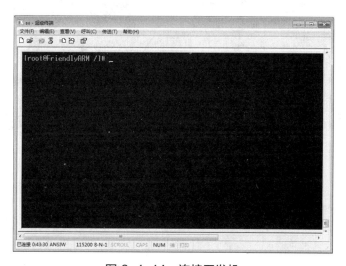

图 6-1-14　连接开发机

③ 将 countarea 可执行文件发送到开发板上。如图 6-1-15 所示。

图 6-1-15　发送文件到开发板

④ 查看文件，并修改文件权限。如图 6-1-16 所示。

图 6-1-16　修改文件权限

⑤ 运行可执行文件 countarea，命令如下：

```
[root@FriendlyARM /]# ./countarea -qws
```

之后，在目标设备上显示如图 6-1-17 所示的运行界面。

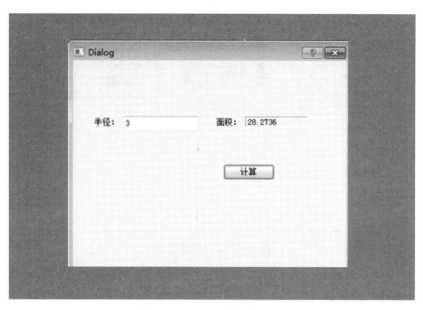

图 6-1-17　程序运行界面

任务 6.2　用户登录程序设计

6.2.1　登录程序功能描述

在登录界面输入正确的用户名和密码之后将进入欢迎界面。如果用户名和密码错误，将弹出用户名和密码错误的消息框。整个界面功能如图 6-2-1 所示。

图 6-2-1　用户登录界面功能

6.2.2　用户登录程序设计

（1）工程项目的创建

① 单击欢迎模式下的"New Project"按钮，在选择模板页面选择项目"Application"→"Qt Widgets Application"选项，然后单击"Choose…"按钮，如图 6-2-2 所示。

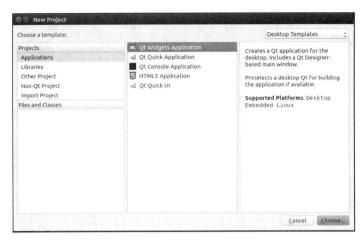

图 6-2-2 新建工程

② 在"项目介绍和项目位置"页面输入项目的名称为"LoginApp",并设置好项目保存的路径,这里将保存路径设置为"/home/ypi",然后单击"Next",如图 6-2-3 所示 。

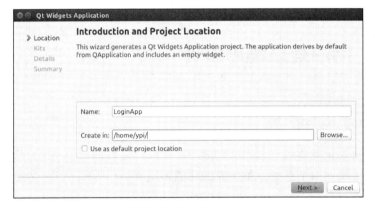

图 6-2-3 保存项目

③ 在目标设置对话框中,选中 4.8.5 复选框,单击"下一步"按钮,如图 6-2-4 所示。

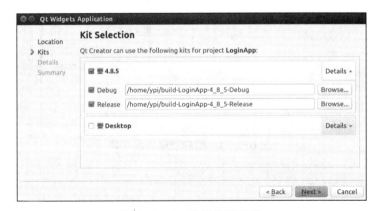

图 6-2-4 选择构建套件

④ 在类信息设置对话框中,基类选择"QWidget",类名输入"LoginWidget",单击"下一步"按钮,如图 6-2-5 所示。

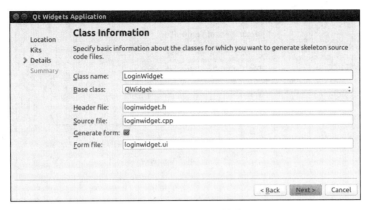

图 6-2-5　选择基类

⑤ 当项目参数设置完成之后，LoginApp 工程项目创建完成。工程项目文件如图 6-2-6 所示。

⑥ 右击 LoginApp 工程项目，选择"添加新文件"选项，如图 6-2-7 所示。

图 6-2-6　项目文件

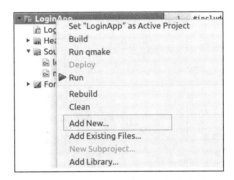

图 6-2-7　选择"添加新文件"选项

⑦ 在左侧栏中选择"Qt"，中间一栏选择"Qt Designer Form Class"选项，如图 6-2-8 所示。单击"选择"按钮。

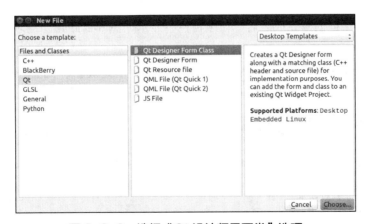

图 6-2-8　选择"Qt 设计师界面类"选项

⑧ 在如图 6-2-9 所示的选择界面模板对话框中，选择"Dialog without Buttons"选项，单击"下一步"按钮。

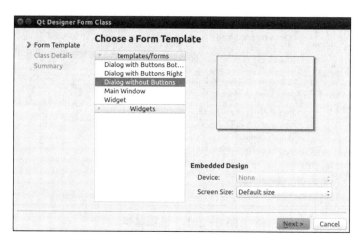

图 6-2-9　选择 Dialog without Buttons 选项

⑨ 在新增类信息对话框中，类名输入：LoginDialog，单击"下一步"按钮，如图 6-2-10 所示。

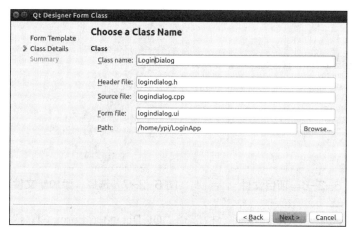

图 6-2-10　设置新增的类名信息

⑩ 当新增对话框创建完成之后，在项目栏中显示如图 6-2-11 所示的项目工程文件。

（2）用户登录界面设计

① 打开 logindialog.ui 设计文件，从左侧控件容器栏中拖入 2 个 Label 控件、2 个 LineEdit 控件和 2 个 PushButton 控件放入中间的设计区域。如图 6-2-12 所示。

图 6-2-11　工程项目文件

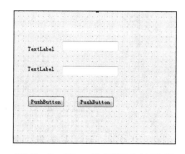

图 6-2-12　放置相应的控件

② 按照表 6-2-1 设置控件的属性。

表 6-2-1　控件属性设置

Class	text	ObjectName	echoMode	说明
QLabel	用户名	userLabel		用户名标签
QLineEdit		nameLineEdit		用户名输入控件
QLabel	密码	pwdLabel		密码标签
QLineEdit		pwdLineEdit	Password	密码输入控件
QPushButton	登录	loginBtn		登录按钮
QPushButton	退出	quitBtn		退出按钮

设置完成后界面如图 6-2-13 所示。

③ 为了界面更加美观，选择工具栏上的布局管理器"▥▤◫⊥▦▦"对登录界面进行布局。如图 6-2-14 所示。

图 6-2-13　登录界面设计

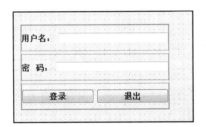

图 6-2-14　应用布局管理器后的界面

④ 打开 widget.ui 设计文件，添加一个 Label 控件到设计界面上，双击控件输入"欢迎登录"，设置 Label 的 font 属性，修改字体。结果如图 6-2-15 所示。

图 6-2-15　设置主界面

（3）用户登录程序功能代码实现

① 在"登录"按钮上按鼠标右键，在弹出的下拉菜单中选择"go to slot…"命令，在"go to slot…"对话框中选择"clicked()"信号，单击"OK"按钮，系统会自动将 on_loginBtn_clicked() 槽与 clicked()信号产生关联。在此函数中添加如下代码：

```
void loginDialog::on_loginBtn_clicked()
{
```

```
        if(ui->nameLineEdit->text().trimmed()==tr("qt")&&ui->pwdLineEdit->
text()==tr("123456"))
            accept();
    else{
        QMessageBox::warning(this,"用户名和密码输入有误!",QMessageBox::Yes);
        ui->nameLineEdit->clear();
        ui->pwdLineEdit->clear();
        ui->nameLineEdit->setFocus();
    }
}
```

在 on_loginBtn_clicked()方法中，当输入的用户名为"qt"，密码为"123456"时，将执行 accept()函数，它是 QDialog 类中的一个槽，并返回 QDialog::Accepted 值；如果输入不正确，将出现提示对话框，清空用户名和密码，并将光标转到用户名输入框，让用户重新输入用户名和密码值。

② 继续同样的操作完成"退出"按钮信号和槽之间的关联，完成之后，系统会自动将on_pwdBtn_clicked()与 clicked()信号产生关联，在此函数中添加如下代码：

```
void loginDialog::on_quitBtn_clicked()
{
    close();//关闭窗体
}
```

③ 打开 main.cpp 文件，修改代码如下：

```
#include <QtGui/QApplication>
#include "widget.h"
#include<QTextCodec>
#include<logindialog.h>

int main(int argc, char *argv[])
{
    QApplication a(argc, argv);
    QTextCodec::setCodecForTr(QTextCodec::codecForName("UFT-8"));
    Widget w;
    loginDialog login;
    if(login.exec()==QDialog::){

            w.show();
            return a.exec();

    }

  else return 0;
}
```

➢ 在头文件中添加#include<QTextCodec>语句。QTextCodec 类提供了文本编码转换功能，为了能够显示中文，这里需要添加 QTextCodec 类。

➢ main()函数中添加 QTextCodec::setCodecForTr(QTextCodec::codecForName("UTF-8))语句。QTextCodec::codecForName("UTF-8")字符集进行编码。

➤ 新建一个 loginDialog 类的对象 login，然后打开登录对话框界面，输入用户名和密码，这里利用 Accepted 信号判断"登录"按钮是否被按下，如果被按下，并且用户名和密码正确，则显示主窗体界面。

任务 6.3 简易电子相册的设计

6.3.1 电子相册功能描述

该简易电子相册支持 jpg、png、bmp 和 gif 格式图片的浏览，并可以对图片进行放大、缩小或旋转角度显示。

● 图片显示功能：在图片文件所在目录读取扩展名为 jpg、png、bmp 和 gif 格式的图片文件后，将图片按顺序用相同大小的缩略图的形式显示在图片列表界面上。如果图片数量超过当时屏幕显示范围，可以以向下滚动显示。

● 图片浏览功能：可以对选中的图片进行向前浏览和向后浏览。

● 图片放大：在当前图片尺寸的基础上，图片可逐级放大，以尺寸的 0.5 倍递增，最大可放大到打开图片时显示的初始尺寸的 3 倍。

● 图片缩小功能：在当前图片尺寸大小的基础上，图片可逐级缩小。最小可缩小到打开图片时显示的初识尺寸的 0.5 倍。

● 图片旋转功能：打开图片后，可在图片的任意状态下对图片进行旋转操作。可在当前状态下，将图片向左或向右旋转，每次旋转角度差值为 90°。图片旋转后会自动适应窗口大小，完整显示图片。

电子相册的效果图如图 6-3-1 所示。

图 6-3-1 电子相册效果图

6.3.2 电子相册程序设计

（1）工程的建立

① 新建名称为"PhoneApp"的 GUI 工程，保存路径设置为"home/ypi"选项，单击"选

择"按钮，如图 6-3-2 所示。

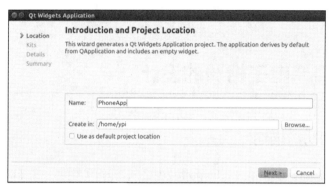

图 6-3-2　新建工程

② 在类信息对话框中，基类选择"QWidget"，类名输入"PhotoWidget"，单击"下一步"按钮，如图 6-3-3 所示。

③ 当项目参数设置完成后，PhoneApp 工程项目创建完成，如图 6-3-4 所示。

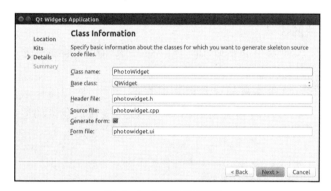

图 6-3-3　选择基类

图 6-3-4　项目文件

（2）主界面设计

在主界面上放置一个 Scroll Area 控件用来显示图片，一个 Label 控件用来显示图片的数量，放置 9 个 Button 控件用来控制图片。各控件的属性设置如表 6-3-1 所示。

表 6-3-1　控件属性说明

控件名称	命名	说明
PushButton	OpenBtn	打开图片所在的目录
PushButton	PrevBtn	显示前一张图片
PushButton	playBtn	定时播放图片
PushButton	StopBtn	暂停播放图形
PushButton	NextBtn	显示后一张图片
PushButton	EnlargeBtn	放大图片
PushButton	LeftBtn	向左旋转图片

续表

控件名称	命名	说明
PushButton	RightBtn	向右旋转图片
PushButton	SmallBtn	缩小图片
Label	LabelFan	显示图片总数和当前图片位置
Scroll Area	ScrollArea	提供图片的视图显示

完成之后显示如图 6-3-5 所示的电子相册界面。

（3）构建按钮信号和槽之间的关联

① 右击"open"按钮，选择如图 6-3-6 所示的"Go to slot"选项。

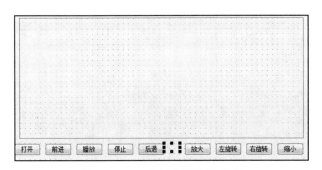

图 6-3-5　电子相册界面设计

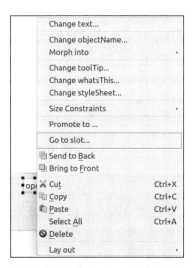

图 6-3-6　"Go to slot"选项

② 在"Go to slot"对话框中，选择 clicked()信号，单击"ok"按钮。如图 6-3-7 所示。

③ 当 clicked()信号选择完成之后，系统会自动将 on_openBtn_clicked()槽与 clicked()信号产生关联，自动产生的关联代码如图 6-3-8 所示。

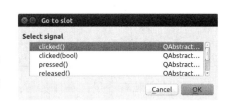

图 6-3-7　选择 clicked()信号

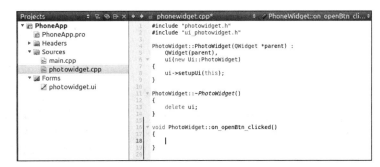

图 6-3-8　关联代码

④ 继续同样的操作完成其他按钮信号和槽中间的关联。

（4）电子相册程序代码功能实现

① photowidget.h 文件功能代码

a. 打开 photowidget.h 文件，在头部加上相关的 include 文件，具体如下：

```
#include <QWidget>
#include<QStringList>
#include<QString>
#include<QTimer>
#include<QLabel>
#include<QPixmap>
#include<QPalette>
#include<QMatrix>
#include<QString>
#include<QImage>
#include<QBrush>
#include<QFileDialog>
#include<QMessageBox>
#include<QTextCodec>
```

b. 建立私有类型的槽函数。具体如下：

```
private slots:
    void on_openBtn_clicked();              //打开图片
    void on_prevBtn_clicked();              //前一个
    void on_playBtn_clicked();              //播放
    void on_stopBtn_clicked();              //停止播放
    void on_nextBtn_clicked();              //下一个
    void on_enlargeBtn_clicked();           //放大
    void on_leftBtn_clicked();              //左旋转
    void on_rightBtn_clicked();             //右旋转
    void on_smallBtn_clicked();             //缩小图片
    void displayImage();                    //显示所有图片
```

c. 建立私有变量，具体如下：

```
private:
    Ui::PhotoWidget *ui;
    QTimer *timer;                          //定义定时器
    QLabel *label;                          //定义显示图片的标签
    QPixmap pix;                            //定义绘制图像变量
    QMatrix matrix;
    int i,j;
    qreal w,h;
    QString image_sum,image_position;       //定义图片的数量和当前位置
    QStringList  imageList;                 //保存图片路径
    QDir imageDir;                          //图片所在目录
```

② 主文件 photowidget.c 功能代码

a. PhotoWidget 构造方法。在构造方法中，首先执行主界面背景图片的加载和绘制，然后创建 Label 控制对象并放置在 scrollArea 控件中进行图片显示，最后产生定时器对象，并建立定时器的 timeout()信号和 displayImage()槽之间的对应关系，具体代码如下：

```
PhotoWidget::PhotoWidget(QWidget *parent) :
    QWidget(parent),
    ui(new Ui::PhotoWidget)
{
    ui->setupUi(this);
    QImage image;
    image.load(":/image/background.png");
    QPalette palette;
    palette.setBrush(this->backgroundRole(),QBrush(image));
    this->setPalette(palette);
    i=0;
    j=0;
    label=new QLabel(this);
    ui->scrollArea->setWidget(label);
    ui->scrollArea->setAlignment(Qt::AlignCenter);
    ui->labelFan->setText("0/0");
    timer=new QTimer(this);
    connect(timer,SIGNAL(timeout()),this,SLOT(displayImage()));
    setWindowTitle(tr("电子相册"));  //程序名
    }
```

b. on_openBtn_clicked()方法。单击"open"按钮，首先执行目录对话框打开操作，用户可以选择图片所在的目录，接着根据图片的扩展名进行图片过滤，然后返回所在目录下的所有图片文件，最后获取所有图片的总数。设置当前图片索引为 0。具体代码如下：

```
void PhotoWidget::on_openBtn_clicked()
{
    QString dir=QFileDialog::getExistingDirectory(this,
                tr("open Directory"),QDir::currentPath(),
                QFileDialog::ShowDirsOnly|QFileDialog::DontResolve-
Symlinks);
    if(dir.isEmpty())
        return;
    imageDir.setPath(dir);
    QStringList filter;
    filter<<"*.jpg"<<"*.bmp"<<"*.jpeg"<<"*.png"<<"*.xpm";
    imageList=imageDir.entryList(filter,QDir::Files);
    j=imageList.size();
    image_sum=QString::number(j);
    image_position=QString::number(0);
    ui->labelFan->setText(tr("%1/%2").arg(image_sum).arg(image_position));
}
```

c. on_playBtn_clicked()方法。单击"play"按钮，定时器开始运行。具体代码如下：

```cpp
void PhotoWidget::on_playBtn_clicked()
{
    timer->start(1000);
}
```

d. displayImage()方法。当定时器每到 1 秒，执行此方法，首先将 QPixmap 对象加载图片路径，接着使图片的宽与高和给定的标签大小相匹配，然后将图片绘制显示在界面上，最后修改图片位置索引，并判断显示的图片是否指向最后一张。具体代码如下：

```cpp
void PhotoWidget::displayImage()
{
    pix.load(imageDir.absolutePath()+QDir::separator()+imageList.at(i));
    w=label->width();
    h=label->height();
    pix=pix.scaled(w,h,Qt::IgnoreAspectRatio);
    label->setPixmap(pix);
    image_position=QString::number(i+1);
    i++;
    ui->labelFan->setText(tr("%1/%2").arg(image_sum).arg(image_position));
    if(i=j)
        i=0;
}
```

e. on_stopBtn_clicked()方法。单击"暂停"按钮，定时器停止运行，实现图片暂停显示。具体代码如下：

```cpp
void PhotoWidget::on_stopBtn_clicked()
{
    timer->stop();
}
```

f. on_prevBtn_clicked()方法。单击"前一张"按钮，执行此方法。首先停止定时器，接着判断图片的索引是否小于 0，如果成立，将重新为 i 赋值，大小为：图片总数减 1，然后将 QPixmap 对象加载图片路径，并使图片的宽与高和给定的标签大小相匹配，最后将图片绘制显示在界面上，并修改图片位置索引，具体代码如下：

```cpp
void PhotoWidget::on_prevBtn_clicked()
{
    timer->stop();
    i--;
    if(i<0)
        i=j-1;
    pix.load(imageDir.absolutePath()+QDir::separator()+imageList.at(i));
    w=label->width();
    h=label->height();
    pix=pix.scaled(w.h,Qt::IgnoreAspectRatio);
    label->setPixmap(pix);
    image_position=QString::number(i+1);
    ui->labelFan->setText(tr("%1/%2").arg(image_sum).arg(image_position));
}
```

g. on_nextBtn_clicked()方法。单击"next"按钮，执行此方法，首先执行定时器停止操作，接着判断图片的索引是否等于 0，如果成立，将重新为 i 赋值为 0，然后将 QPixmap 对象加载图片路径，并使图片的宽与高和给定的标签大小相匹配，最后将图片绘制显示在界面上，并修改图片位置索引，具体代码如下：

```cpp
void PhotoWidget::on_nextBtn_clicked()
{
    timer->stop();
    i++;
    if(i=j)
        i=0;
    pix.load(imageDir.absolutePath()+QDir::separator()+imageList.at(i));
    w=label->width();
    h=label->height();
    pix=pix.scaled(w,h,Qt::IgnoreAspectRatio);
    label->setPixmap(pix);
    image_position=QString::number(i+1);
    ui->labelFan->setText(tr("%1/%2").arg(image_sum).arg(image_position));
}
```

h. on_enlargeBtn_clicked()方法。单击"large"按钮，执行此方法。首先执行定时器停止操作，将 QPixmap 对象加载图片路径，然后将显示的宽和高在水平方向和垂直方向按照 1.2 的倍数进行放大，最后将图片绘制显示在界面上。具体代码如下：

```cpp
void PhotoWidget::on_enlargeBtn_clicked()
{
    timer->stop();
    pix.load(imageDir.absolutePath()+QDir::separator()+imageList.at(i));
    w*=1.2;
    h*=1.2;
    pix=pix.scaled(w,h);
    label->setPixmap(pix);
}
```

i. on_smallBtn_clicked()方法。单击"small"按钮，执行此方法。首先执行定时器停止操作，将 QPixmap 对象加载图片路径，然后将显示的宽和高在水平方向和垂直方向按照 0.8 的倍数进行缩小，最后将图片绘制显示在界面上。具体代码如下：

```cpp
void PhotoWidget::on_smallBtn_clicked()
{
    pix.load(imageDir.absolutePath()+QDir::separator()+imageList.at(i));
    w*=0.8;
    h*=0.8;
    pix=pix.scaled(w,h);
    label->setPixmap(pix);
}
```

j. on_leftBtn_clicked()方法。单击"left"按钮执行此方法。首先执行定时器停止操作，然后将图片顺时针旋转 90°，最后将图片绘制显示在界面上。具体代码如下：

```
void PhotoWidget::on_leftBtn_clicked()
{
    timer->stop();
    matrix.rotate(90);
    pix=pix.transformed(matrix,Qt::FastTransformation);
    pix=pix.scaled(label->width(),label->height(),Qt::IgnoreAspectRatio);
    label->setPixmap(pix);
}
```

k. on_rightBtn_clicked()方法。单击 "right" 按钮执行此方法。首先执行定时器停止操作，然后将图片逆时针旋转 90°，最后将图片绘制显示在界面上。具体代码如下：

```
void PhotoWidget::on_rightBtn_clicked()
{
    timer->stop();
    matrix.rotate(-90);
    pix=pix.transformed(matrix,Qt::FastTransformation);
    pix=pix.scaled(label->width(),label->height(),Qt::IgnoreAspectRatio);
    label->setPixmap(pix);
}
```

③main.cpp 功能代码如下。

```
#include <QtGui/QApplication>
#include "widget.h"
int main(int argc, char *argv[])
{
    QApplication a(argc, argv);
    QTextCodec::setCodecForTr(QTextCodec::codecForName("GBK"));
    QTextCodec::setCodecForLocale(QTextCodec::codecForName("GBK"));
    QTextCodec::setCodecForCStrings(QTextCodec::codecForName("GBK"));
    Widget w;
    w.show();
    return a.exec();
}
```

任务 6.4　LED 流水灯

6.4.1　功能描述

本实例利用 Qt 界面来控制 Smart210 开发板上的 LED 发光二极管。

6.4.2　LED 灯程序设计

（1）界面设计

① 首先建立一个 QtGui 工程，如图 6-4-1 所示。将项目命名为 "LEDS"，如图 6-4-2 所示。

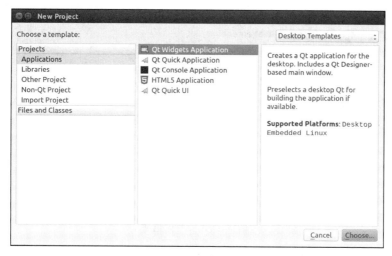

图 6-4-1　新建 Qt 工程

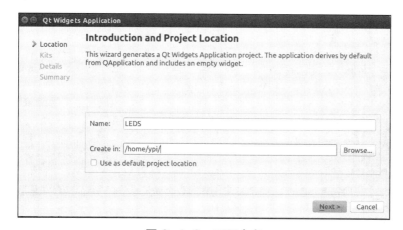

图 6-4-2　工程命名

②　基类选择"QDialog"，如图 6-4-3 所示。创建后的项目代码如图 6-4-4 所示，界面如图 6-4-5 所示。

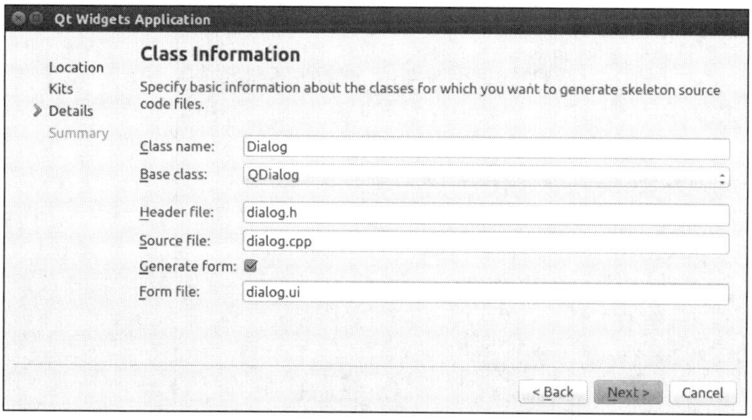

图 6-4-3　选择工程基于对话框来设计

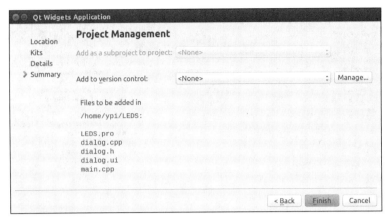

图 6-4-4　工程框架

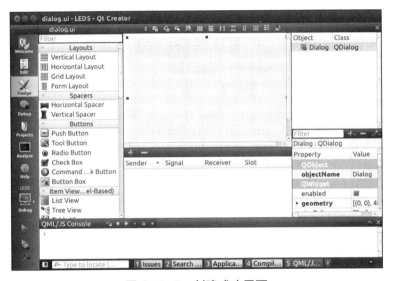

图 6-4-5　创建成功界面

③ 修改对话框大小宽为 320，高为 240，如图 6-4-6 所示。

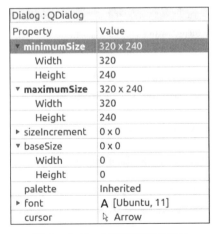

图 6-4-6　对话框设置窗口

④ 在对话框上放置 8 个 PushButton，属性设置如表 6-4-1 所示。完成后的界面如图 6-4-7 所示。

表 6-4-1　控件属性说明

控件名称	命名	说明
PushButton	openBtn1	打开 LED1
PushButton	closeBtn1	关闭 LED1
PushButton	openBtn2	打开 LED2
PushButton	closeBtn2	关闭 LED2
PushButton	openBtn3	打开 LED3
PushButton	closeBtn3	关闭 LED3
PushButton	openBtn4	打开 LED4
PushButton	closeBtn4	关闭 LED4

⑤ 选中所有的按钮，对它们使用栅格布局管理器进行管理，完成后界面如图 6-4-8 所示。

图 6-4-7　属性设置好后的界面

图 6-4-8　布局后的界面

（2）构建按钮信号和槽之间的关联

右击按钮，选择"Go to slot"选项。在"Go to slot"对话框中，选择 clicked()信号，如图 6-4-9 所示。单击"OK"按钮将完成按钮信号和槽之间的关联，产生的关联代码如图 6-4-10 所示。

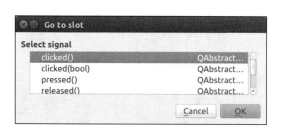

图 6-4-9　选择 clicked()信号

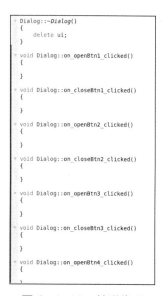

图 6-4-10　关联代码

（3）LED 灯程序代码功能实现

① dialog.h 文件功能代码如下所示：

```
 #ifndef DIALOG_H
#define DIALOG_H
#include <QDialog>
#include <stdio.h>
#include <unistd.h>
#include <stdlib.h>
#include <sys/types.h>
#include <sys/stat.h>
#include <sys/ioctl.h>
#include <fcntl.h>
#include <linux/fs.h>
#include <errno.h>
#include <string.h>
namespace Ui {
class Dialog;
}
class Dialog : public QDialog
{
    Q_OBJECT
public:
    explicit Dialog(QWidget *parent = 0);
    ~Dialog();
private slots:
    void on_openBtn1_clicked();
    void on_closeBtn1_clicked();
    void on_openBtn2_clicked();
    void on_closeBtn2_clicked();
    void on_openBtn3_clicked();
    void on_closeBtn3_clicked();
    void on_openBtn4_clicked();
    void on_closeBtn4_clicked();
  private:
    Ui::Dialog *ui;
};
#endif // DIALOG_H
```

② dialog.cpp 功能代码

a. on_openBtn1_clicked()方法。单击"打开 LED1"按钮，执行此方法，具体代码如下：

```
void Dialog::on_openBtn1_clicked()
{
    int fd;
    fd = ::open("/dev/leds", 0);
    if (fd < 0) {
        }
      ::ioctl(fd, 0,0);
```

```
        ::close(fd);
    }
```

b．on_closeBtn1_clicked()方法。单击"关闭 LED1"按钮，执行此方法，具体代码如下：

```
void Dialog::on_closeBtn1_clicked()
{
    int fd;
    fd = ::open("/dev/leds", 0);
    if (fd < 0) {

    }
    ::ioctl(fd, 1,0);
    ::close(fd);
}
```

c．on_openBtn2_clicked()方法。单击"打开 LED2"按钮，执行此方法，具体代码如下：

```
void Dialog::on_openBtn2_clicked()
{
    int fd;
    fd = ::open("/dev/leds", 0);
    if (fd < 0) {
        }
    ::ioctl(fd, 0,1);
    ::close(fd);
}
```

d．on_closeBtn2_clicked()方法。单击"关闭 LED2"按钮，执行此方法，具体代码如下：

```
void Dialog::on_closeBtn2_clicked()
{
    int fd;
    fd = ::open("/dev/leds", 0);
    if (fd < 0) {

    }
    ::ioctl(fd, 1,1);
    ::close(fd);
}
```

e．on_openBtn3_clicked()方法。单击"打开 LED3"按钮，执行此方法，具体代码如下：

```
void Dialog::on_openBtn3_clicked()
{
    int fd;
    fd = ::open("/dev/leds", 0);
    if (fd < 0) {
        }
    ::ioctl(fd, 0,2);
```

```
        ::close(fd);
    }
```

f. on_closeBtn3_clicked()方法。单击"关闭 LED3"按钮，执行此方法，具体代码如下：

```
void Dialog::on_closeBtn3_clicked()
{
    int fd;
    fd = ::open("/dev/leds", 0);
    if (fd < 0) {

    }
    ::ioctl(fd, 1,2);
    ::close(fd);
}
```

g. on_openBtn4_clicked()方法。单击"打开 LED4"按钮，执行此方法，具体代码如下：

```
void Dialog::on_openBtn4_clicked()
{
    int fd;
    fd = ::open("/dev/leds", 0);
    if (fd < 0) {
    }
    ::ioctl(fd, 0,3);
    ::close(fd);
}
```

h. on_closeBtn4_clicked()方法。单击"关闭 LED4"按钮，执行此方法，具体代码如下：

```
void Dialog::on_closeBtn3_clicked()
{
    int fd;
    fd = ::open("/dev/leds", 0);
    if (fd < 0) {

    }
    ::ioctl(fd, 1,3);
    ::close(fd);
}
```

（4）下载运行

最终界面效果图如图 6-4-11 所示。

当按下"打开 led1"按钮，开发板上的 LED1 点亮。当按下"关闭 led1"按钮，开发板上的 LED1 熄灭。

图 6-4-11　最终控制界面

任务 6.5　按键监测

6.5.1　功能描述

本实例利用 Qt 界面来控制 Smart210 开发板上的 8 个按键。

6.5.2　按键监测程序设计

（1）界面设计

① 仿照 6.4.1 节示例的方法建立一个 QtGui 工程文件，将项目命名为"KYES"，基类选择"Qmainwindow"。

② 在界面上放置 8 个按钮，名称命名为"key1Btn～key8Btn"，按钮上的文本内容为"K1～K8"，设置好的界面如图 6-5-1 所示。

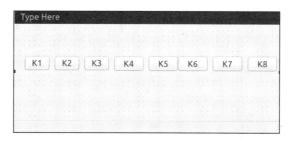

图 6-5-1　按键监测界面

（2）按键监测程序代码功能实现

① mainwindow.h 添加如下代码：

```
#ifndef MAINWINDOW_H
#define MAINWINDOW_H
#include <QMainWindow>
#include <QSocketNotifier>
#include<stdio.h>
#include<stdlib.h>
#include<unistd.h>
#include<sys/ioctl.h>
#include<sys/types.h>
#include<sys/stat.h>
#include<fcntl.h>
#include<sys/select.h>
#include<sys/time.h>
#include<errno.h>
#include<string.h>
namespace Ui {
class MainWindow;
}
```

```cpp
class MainWindow : public QMainWindow
{
        Q_OBJECT
public:
    explicit MainWindow(QWidget *parent = 0);
    ~MainWindow();
    QSocketNotifier *notifier;
    int fd;
    int which_key;
    char current_button_value[8];
    char prior_button_value[8];
    int i;
    void infer(int i);
private slots:
    void ShowKey();
private:
    Ui::MainWindow *ui;
};
#endif // MAINWINDOW_H
```

② mainwindow.cpp 添加如下代码：

```cpp
#include "mainwindow.h"
#include "ui_mainwindow.h"

MainWindow::MainWindow(QWidget *parent) :
    QMainWindow(parent),
    ui(new Ui::MainWindow)
{
    ui->setupUi(this);
    fd=-1;
    which_key=-1;
    fd=open("/dev/buttons",O_RDONLY);
    if(fd<0)
    {
        printf("open /dev/button fail\n");
        return ;
    }
    setWindowTitle(QApplication::translate("Button Test","Button
Test",0,QApplication::UnicodeUTF8));
    memset(current_button_value,0,sizeof(current_button_value));
    memset(prior_button_value,0,sizeof(prior_button_value));
    notifier=new QSocketNotifier(fd,QSocketNotifier::Read,this);
    connect(notifier,SIGNAL(activated(int)),this,SLOT(ShowKey()));

}

MainWindow::~MainWindow()
{
    ::close(fd);
    delete ui;
```

```
}
void MainWindow::ShowKey()
{
    ::read(fd,current_button_value,sizeof(current_button_value));
    for(i=0;i<(int)sizeof(prior_button_value);i++)
    {
        if(prior_button_value[i]!=current_button_value[i])
        {
            prior_button_value[i]=current_button_value[i];
            infer(i);
        }
    }
}
void MainWindow::infer(int i){
    switch(i){
    case 0:
        if(current_button_value[i]='0')
        {
            ui->key1Btn->setStyleSheet("background:grey");
        }
        else
        {
            ui->key1Btn->setStyleSheet("background:red");
        }

        break;
    case 1:
        if(current_button_value[i]='0')
        {
            ui->key2Btn->setStyleSheet("background:grey");
        }
        else
        {
            ui->key2Btn->setStyleSheet("background:red");
        }

        break;
    case 2:
        if(current_button_value[i]='0')
        {
            ui->key3Btn->setStyleSheet("background:grey");
        }
        else
        {
            ui->key3Btn->setStyleSheet("background:red");
        }

        break;
    case 3:
        if(current_button_value[i]='0')
        {
```

```
                ui->key4Btn->setStyleSheet("background:grey");
        }
        else
        {
                ui->key4Btn->setStyleSheet("background:red");
        }

        break;
    case 4:
        if(current_button_value[i]='0')
        {
                ui->key5Btn->setStyleSheet("background:grey");
        }
        else
        {
                ui->key5Btn->setStyleSheet("background:red");
        }

        break;
    case 5:
        if(current_button_value[i]='0')
        {
                ui->key6Btn->setStyleSheet("background:grey");
        }
        else
        {
                ui->key6Btn->setStyleSheet("background:red");
        }

        break;
    case 6:
        if(current_button_value[i]='0')
        {
                ui->key7Btn->setStyleSheet("background:grey");
        }
        else
        {
                ui->key7Btn->setStyleSheet("background:red");
        }

        break;
    case 7:
        if(current_button_value[i]='0')
        {
                ui->key8Btn->setStyleSheet("background:grey");
        }
        else
        {
                ui->key8Btn->setStyleSheet("background:red");
        }
```

```
                    break;
        }
}
```

在本实例中，使用了一个类"QSocketNotifier"用来监听系统文件操作，将操作转换为Qt事件进入系统的消息循环队列并调用预先设置的事件接受函数，处理事件。

QSocketNotifier能够监听3类事件：read，write，exception。

- QSocketNotifier::Read　　　0　There is data　to be read.
- QSocketNotifier::Write　　　1　Data can be written.
- QSocketNotifier::Exception　2　An exception has occurred,We recommend against using this。

每个QSocketNotifier对象只能监听一个事件，如果要同时监听两个以上事件，必须创建两个以上的监听对象。

在使用open方法打开按键设备文件后，我们可以使用Qt的类QSocketNotifier来监听是否有按键按下，即是否有数据可读，它属于事件驱动，配合Qt的signal/slot机制，当有数据可读时，QSocketNotifier就会发射ativated信号，只需要创建一个slot槽连接到该信号即可，代码如下所示。

```
notifier=new QSocketNotifier(fd,QSocketNotifier::Read,this);
connect(notifier,SIGNAL(activated(int)),this,SLOT(ShowKey()));
```

在上述代码中，首先使用QSocketNotifier::Read作为参数构造了一个QSocketNotifier的实例，其中的QSocketNotifier::Read参数表示需要关心按键是否有数据可读，如果有按钮按下的话，将QSocketNotifier的activated信号连接到ShowKey()，当有数据可读时，ShowKey()会被调用，显示按键的状态。

程序下载到开发板后，当有按键按下，我们从超级终端中也可以观察到按键按下的状态。如图6-5-2所示。

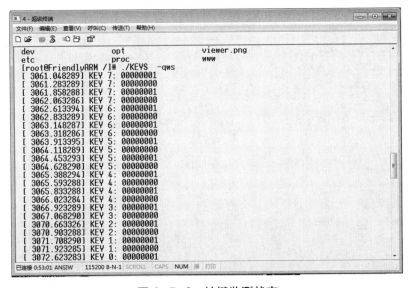

图6-5-2　按键监测状态

任务 6.6　模拟量采集

6.6.1　功能描述

本实例利用 Qt 界面来读取 ADC 的数值。

6.6.2　模拟量采集程序设计

（1）界面设计

① 仿照 6.4.1 节示例的方法建立一个 QtGui 工程文件，将项目命名为 ADC，基类选择"QMainWindow"。

② 在界面上放置 1 个 LCDNumber 控件，用来显示 ADC 的数值，LCDNumber 的属性设置如图 6-6-1 所示。设计好的界面如图 6-6-2 所示。

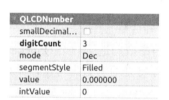

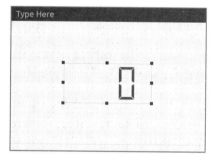

图 6-6-1　LCDNumber 属性设置　　　　图 6-6-2　设计好的主界面

（2）模拟量采集程序代码功能实现

① dialog.h 添加如下代码。

```
#ifndef MAINWINDOW_H
#define MAINWINDOW_H
#include <QMainWindow>
#include <stdio.h>
#include <stdlib.h>
#include <termio.h>
#include <unistd.h>
#include <fcntl.h>
#include <getopt.h>
#include <time.h>
#include <errno.h>
#include <string.h>
namespace Ui {
    class MainWindow;
}
class MainWindow : public QMainWindow
```

```
{
    Q_OBJECT
public:
    explicit MainWindow(QWidget *parent = 0);
    ~MainWindow();
private:
    Ui::MainWindow *ui;
    void timerEvent (QTimerEvent *);
};
#endif // MAINWINDOW_H
```

② mainwindow.cpp 添加如下代码。

```
#include "mainwindow.h"
#include "ui_mainwindow.h"

MainWindow::MainWindow(QWidget *parent) :
    QMainWindow(parent),
    ui(new Ui::MainWindow)
{

    ui->setupUi(this);
    startTimer(400);
}
void MainWindow::timerEvent ( QTimerEvent * )
{
 int fd = ::open("/dev/adc1", 0);
 if (fd < 0) {
    return;
 }
 char buffer[20] = "";
 int len = ::read(fd, buffer, sizeof(buffer -1));
 if (len > 0)
 {
    buffer[len] = '\0';
    int value = -1;
    sscanf(buffer, "%d", &value);

    ui->lcdNumber->display(value);
 }
 ::close(fd);
}
MainWindow::~MainWindow()
{
    delete ui;
}
```

（3）程序下载

程序下载到开发板后，可以观察到当前 ADC 的值。如图 6-6-3 所示。

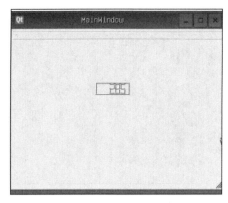

图 6-6-3　程序运行结果

知识梳理

1. Qt 是一个跨平台的 C++图形用户界面应用程序框架。

2. Qt Creator 的界面主要由主窗口区、菜单栏、模式选择器、常用按钮、定位器和输出面板等部分组成。

3. 在 Qt 程序开发过程中，除可以通过手写代码实现软件开发功能外，还可以通过 Qt 的 GUI 界面设计器进行界面的绘制和布局。

4. Qt 提供了信号和槽机制用于完成界面操作的响应，信号和槽机制是完成任意两个 Qt 对象之间的通信机制。

5. 在设计较复杂的 GUI 用户界面时，可以使用 Qt 提供的布局管理器来设计界面。

6. Qt 提供的默认基类有 QMainWindow、QWidget 和 QDialog 这 3 种。QMainWindow 是带有菜单栏和工具栏的主窗口，QDialog 是各种对话框的基类，而它们全部继承自 QWidget。

7. Linux 针对输入/输出的函数很直观，可以分为打开（open）、读取（read）、写入（write）和关闭（close）四个操作。

知识巩固

1. 名词解释

（1）虚函数

（2）回调函数

（3）内联函数

（4）信号与插槽

（5）私有函数

（6）构造函数

（7）公有函数

（8）内联函数

（9）信号与插槽

（10）析构函数

2. 判断题

（1）在 QT 中 Qwidget 不可以作为应用程序的窗口。　　　　　（　　　）

（2）在创建窗口部件的时候，窗口部件通常不会显示出来。　　　（　　　）

（3）布局管理器不是一个窗口部件。　　　　　　　　　　　　　（　　　）

（4）FindDialog(QWidget *parent = 0);父参数为 NULL，说明有父控件。　（　　　）

（5）Q_OBJECT 是一个宏定义，如果类里面用到了 signal 或者 slots，就必须要声明这个宏。　　　　　　　　　　　　　　　　　　　　　　　　　　　　　　　（　　　）

（6）FindDialog(QWidget *parent = 0);父参数为 NULL，说明没有父控件。　（　　　）

（7）槽可以是虚函数，可以是公有的、保护的，也可以是私有的。　（　　　）

（8）show()显示的对话框是无模式对话框。用 exec()显示的对话框是模式对话框。

（　　　）

3. 简答题

（1）简述信号与插槽机制。

（2）简述布局管理器的功能，列举 3 个布局管理器。

（3）简述使用 Qt 设计师在创建对话框时主要包含哪几个基本步骤。

（4）GUI 程序通常会使用很多图片，请简述 3 种提供图片的方式。

（5）列举几种 Qt 中会产生绘制事件的情况。

（6）Update()与 Repaint()之间的区别是什么？

（7）对窗体上的控件进行布局管理一般有哪几种方式，简述一下其缺点。

（8）简述事件和信号的特点和区别。

（9）简述主函数中创建 QApplication 对象功能。

4. 程序设计

（1）利用布局管理器，完成如图 6-6-4 所示的窗体界面 。

（2）如图 6-6-5 所示，利用提供函数，设计一个时钟的软件。

(class OvenTimer : public QWidgetQTimer、QDateTime、paintEvent、QPen、QColor、painter->rotate、painter->setPen()、painter->drawLine()、painter->drawText())

图 6-6-4　用户基本资料界面设计

图 6-6-5　模拟时钟设计

参考文献

[1] 平震宇. 嵌入式 Linux 开发事件教程[M]. 北京：机械工业出版社，2017.

[2] 常赟杰，赵林，唐明军. 嵌入式系统原理与应用[M]. 上海：上海交通大学出版社，2018.

[3] 王浩，陈邦琼. 嵌入式 Qt 开发项目教程[M]. 北京：中国水利水电出版社，2014.

[4] 欧阳骏，等. 基于 S5PV210 处理器的嵌入式开发完全攻略[M]. 北京：化学工业出版社，2015.

[5] 王剑，等. 嵌入式系统设计与应用[M]. 北京：清华大学出版社，2020.

[6] 刘龙，等. 嵌入式 Linux 软硬件开发详解[M]. 北京：人民邮电出版社，2015.

[7] 陆文周. Qt5 开发及实例[M]. 北京：电子工业出版社，2020.

[8] 王青云，等. ARM Cortex-A8 嵌入式原理与系统设计[M]. 北京：机械工业出版社，2014.

[9] 陈文智，王总辉. 嵌入式系统原理与设计[M]. 北京：清华大学出版社，2017.

[10] S5PV210 RISC Microprocessor user's Manual. Samsung Electronics Co., Ltd.